722

...UEL PRATIQUE
DU
CONDUCTEUR D'AUTOMOBILES

Par Henri de GRAFFIGNY
INGÉNIEUR

20 CENTIMES
(Algérie, Colonies et Étranger : 25 Centimes.)

PARIS
Collection A.-L. GUYOT
6 et 8, rue Duguay-Trouin, 6 et 8

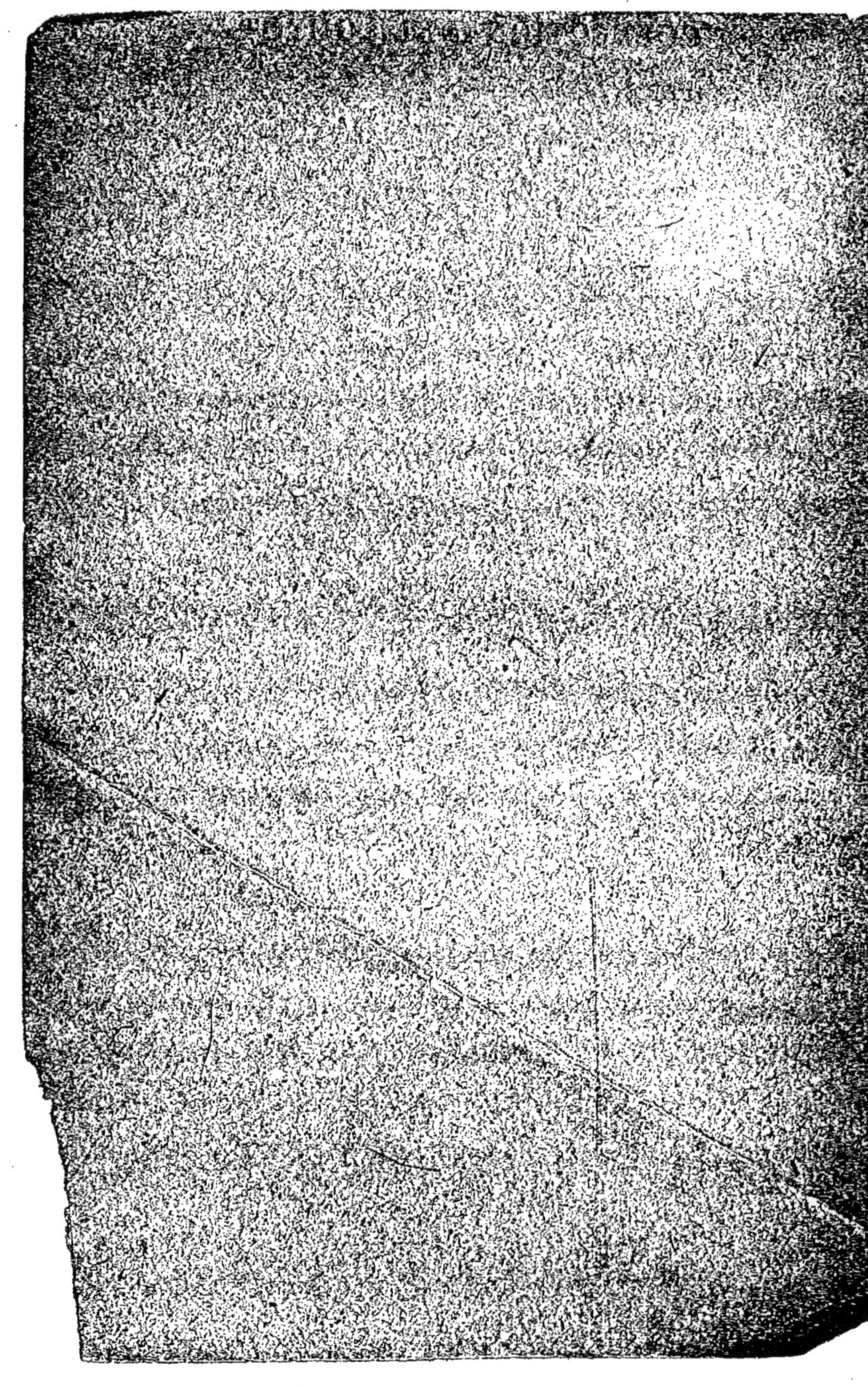

HENRY DE GRAFFIGNY

MANUEL PRATIQUE

DU

CONDUCTEUR

D'AUTOMOBILES

PARIS

Collection A.-L. GUYOT

6 et 8, rue Duguay-Trouin, 6 et 8

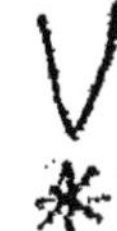

OUVRAGES DU MÊME AUTEUR

COLLECTION A.-L. GUYOT

Le Jeune Électricien amateur (*illustré*).
100 Expériences Physiques (*avec figures*)
100 Expériences Électriques *id.*
100 Expériences Chimiques *id.*
Les Aventures d'un Aéronaute.
Dix mille kilomètres en ballon.

OUVRAGES RÉCEMMENT PARUS
DANS DIFFÉRENTES LIBRAIRIES

L'Électricité pour tous, 1 vol. gr. in-8° avec 275 fig
Manuel pratique de la pose des sonneries
  et téléphones, 1 brochure de 120 pages.
L'Éclairage électrique domestique, 1 vol. in-8°
L'Électricité dans l'automobile, 1 vol. avec 75 fig

SOUS PRESSE :

500 Expériences de Science amusante.
Dictionnaire des Termes techniques.

PREFACE

Les « chauffeurs » ou *motoristes*, suivant le néologisme qui tend de plus en plus à s'imposer, sont aujourd'hui légion.

Motocyclettes, quadricycles, voiturettes, grosses voitures de toutes formes sillonnent les routes de tous les pays, circulent dans les rues des cités populeuses, et leur nombre augmente tous les jours dans une proportion extraordinaire. Incontestablement, c'est à une évolution caractéristique que nous assistons ; la locomotion mécanique est plus que jamais à l'ordre du jour et son avenir est des plus brillants.

Déjà, les ingénieurs qui ont créé cette industrie bien française sont parvenus, grâce à une expérience de plusieurs années, à restreindre dans une large mesure les inconvénients du début et que l'on reprochait non sans raison à ce genre de véhicules. Il serait profondément injuste de ne pas reconnaître les améliorations apportées aux moindres détails de ces mécanismes complexes ; l'automobile n'est plus la « voiture à pannes » des commencements, et il y a tout un monde entre les voitures de courses de 1897 et celles de 1906 : les premières faisant péniblement du trente à l'heure, tandis que certaines dévoreuses de kilomètres font facilement une moyenne de cent vingt kilomètres dans les soixante minutes, résultat véritablement extraordinaire à tous égards, car il montre la perfection atteinte en ce peu d'années par la construction.

L'automobile est donc, comme la bicyclette qui l'a précédée, un moyen de locomotion dont l'extension est certaine et dont l'emploi deviendra universel en raison des avantages qu'il procure. Toutefois, c'est une machine un peu plus compliquée, — bien que les constructeurs s'évertuent à la simplifier le plus possible, — et par suite sujette, comme toutes les machines du monde, à se dérégler subitement pour une cause ou pour une autre.

Si le conducteur de l'automobile ne connaît pas suffisamment le caractère de la machine qu'il dirige, il sera souvent embarrassé et obligé de recourir alors aux lumières — pour lesquelles force est d'*éclairer* ! — d'un mécanicien de village plus ou moins compétent en la matière. Il serait plus simple et plus économique surtout, de procéder soi-même à la recherche du défaut et à sa réparation souvent facile.

C'est pour rappeler les principes du fonctionnement des véhicules mécaniques actuels que j'ai écrit ce petit manuel, qui résume les connaissances essentielles que tout le monde doit posséder aujourd'hui sur les automobiles de toute catégorie. C'est le vademecum du chauffeur, et j'ai l'espoir que ce conseiller de poche lui pourra être de quelque secours pour apprendre à bien connaître les détails de sa mécanique roulante et l'aider quelquefois à sortir d'embarras en l'aidant à découvrir le siège de la panne qui aura exercé sa patience, cette vertu essentielle du conducteur d'automobiles.

H. de GRAFFIGNY,

Joinville-le-Pont, 1905.

MANUEL PRATIQUE
DU CONDUCTEUR D'AUTOMOBILES

PREMIÈRE PARTIE

Théorie

CHAPITRE PREMIER

Classification des voitures automobiles

Bien qu'il existe aujourd'hui une très grande variété d'automobiles, en réalité ces engins peuvent être tous rangés dans des catégories bien distinctes.

En premier lieu, d'après la nature du moteur qui les actionne, et c'est ainsi que nous trouvons :

1° Les voitures à vapeur ;

2° Les voitures à pétrole ;

3° Les voitures électriques.

Chacune de ces catégories se subdivise ensuite

en différents genres, suivant l'application à laquelle les véhicules sont destinés. C'est ainsi que nous reconnaissons tout d'abord deux classes bien différentes : les voitures de promenade, d'excursion, de tourisme, etc., et les automobiles industriels tels que camions, voitures de livraison et poids lourds divers.

Si nous examinons les véhicules à vapeur, nous voyons qu'il n'en existe qu'un petit nombre de types. Malgré l'incontestable souplesse du fluide élastique, ce genre de moteurs est d'usage plus restreint, et les magnifiques résultats atteints par Léon Serpollet, Turgan et Scotte entre autres, n'ont cependant pas obtenu la consécration du succès qu'ils méritaient, et toute la faveur s'en est allée aux moteurs à pétrole en raison surtout de leur facilité de conduite.

Dans les véhicules à moteur à pétrole, on distingue plusieurs catégories bien différentes les unes des autres.

En premier lieu, les motocycles, dérivés du vélocipède et tels que la motocyclette, le tandem, la motocyclette à avant-train, le tricycle et le quadricycle. Puis les voiturettes et voitures légères dont le poids ne dépasse pas à vide 500 à 600 kilos, et enfin les voitures lourdes, pesant 1.000 kilos et au-dessus, et servant soit au grand tourisme, soit au sport.

Parmi les véhicules à moteur électrique, nous avons ceux dans lesquels le générateur d'énergie est une batterie d'accumulateurs, puis les types dits *mixtes*, où le moteur primaire est un moteur à pétrole actionnant une dynamo dont le courant est envoyé aux moteurs électriques commandant l'essieu des roues ou bien emmagasiné dans une petite batterie d'accumulateurs servant de régulateur.

C'est la machine à vapeur qui a été utilisée comme générateur d'énergie aux débuts de l'automobilisme. Le chariot tracteur de Cugnot, en 1685, était à vapeur ; à vapeur également les premiers omnibus de Hancock, de Greasley et de Bollée. Quand, après l'Exposition de 1889, la vogue était acquise au cycle, les premiers vélocipèdes à moteur qui parurent : ceux de Dion-Bouton-Trépardoux et de Serpollet fonctionnaient à l'aide de moteurs à vapeur. Ce n'est que devant l'engouement général qui accueillit le moteur à pétrole à grande vitesse créé par l'Allemand Gottlieb Daimler, que l'invention de Papin et de Watt, perfectionnée par les mécaniciens du xixe siècle, se trouva éclipsée, — éclipse qu'on peut croire seulement momentanée, car la vapeur possède des qualités d'élasticité et de souplesse que n'auront jamais les mélanges tonnants. Et, si un ingénieux mécanicien parvient à rendre son emploi pratique, grâce à des dispositions nouvelles, nul doute qu'il ne parvienne à rendre à ce fluide son ancienne vogue un moment obscurcie par son redoutable concurrent.

La machine à vapeur reste, encore maintenant, supérieure à plus d'un égard au moteur à gaz tonnant pour les usages industriels : traction de véhicules lourds : omnibus et chemins de fer sur route. Elle est surtout plus économique d'emploi. La supériorité du pétrole consiste avant tout dans la sécurité qu'il donne, et son poids excessivement restreint par unité de travail développée. En effet, la suppression de chaudière et de tout générateur ou récipient à haute pression évite tout danger d'explosion et, d'autre part, donne la possibilité de réduire au minimum le poids et l'encombrement pour une quantité de puissance donnée. Enfin le moteur à pétrole peut-être conduit par la première personne venue, après quelques explications préliminaires, tandis qu'il est loin d'en être de même avec la machine à vapeur.

Le moteur d'automobiles ne diffère du moteur à gaz, connu depuis près d'un demi-siècle dans l'industrie, que par la nature du combustible employé et l'allègement réalisé dans le mécanisme grâce à l'emploi des grandes vitesses de rotation. Au lieu de brûler un mélange de gaz

d'éclairage ou de « gaz pauvre » et d'air, le moteur d'automobiles aspire les vapeurs qui se dégagent à la température ambiante des essences
légères de pétrole ou de l'alcool. Ces vapeurs
sont entraînées dans le cylindre par le courant
d'air produit par le mouvement d'aspiration du
piston ; un mélange explosif, une espèce de grisou
remplit ainsi le corps de pompe dans lequel se
meut le piston, et si on l'enflamme par un moyen
quelconque : tube incandescent, étincelle électrique, etc., ce mélange détone brusquement, chassant au fond du cylindre par la dilatation et la
détente des gaz développés pendant la combustion, le piston dont le mouvement est transmis à
l'arbre de couche à l'aide d'une bielle articulée
sur un arbre à vilebrequin.

Jusqu'à l'année 1890, l'allure de marche des
moteurs à gaz ou à hydrocarbures était assez
lente et ne dépassait pas 200 tours par minute.
En conséquence, ces machines étaient fort lourdes, les impulsions motrices ne se succédant
qu'à d'assez longs intervalles, rendant d'autant
plus nécessaire la présence de volants très
pesants pouvant emmagasiner assez de force
vive pour entretenir un mouvement régulier.
C'est l'Allemand Daimler qui, rompant avec la
routine, fit tourner les moteurs à plus de 1.000
tours par minute, réduisant ainsi dans une

proportion considérable le poids et le volume de ces machines. Cette simple transformation de la marche à grande vitesse rendit possible l'application de ces moteurs dans une foule de circonstances où il était essentiel de disposer de générateurs extrêmement légers. L'automobilisme à pétrole était créé, et désormais on devait marcher de progrès en progrès, l'élan ne devait plus se ralentir.

D'année en année, des améliorations de toute nature étaient apportées au véhicule mécanique par une armée de chercheurs ; les moteurs tournant de plus en plus vite, on pouvait encore gagner sur leurs dimensions et leur poids. De 50 kilos en 1891, ce poids descendait successivement à 25 kilos en 1895, 15 kilos en 1900, 10 kilos en 1902, par cheval-vapeur développé. Et en 1904, on arrivait couramment à 4 ou 5 kilos pour la même force.

En même temps et parallèlement, les accessoires se perfectionnaient, grâce à l'étude scientifique serrée des conditions à remplir par chaque organe. Le carburateur voyait son rendement amélioré ; la transmission était simplifiée et n'absorbait plus sans utilité jusqu'à la moitié du travail disponible ; enfin les bandages de roues étaient sensiblement perfectionnés et donnaient la possibilité d'atteindre des allures vertigineuses.

Il serait évidemment exagéré de prétendre que, désormais, on a atteint le summum du progrès et que l'automobile actuelle est absolument parfaite. Tout ce que crée l'industrie est perfectible et c'est une évolution continuelle qui fait succéder, à un type qui paraît définitif sur le moment, un autre modèle meilleur par quelque détail, modèle qui sera à son tour remplacé par un plus perfectionné et ainsi de suite. Mais la forme générale du véhicule mécanique est à peu près fixée maintenant d'une façon stable, et elle ne variera guère que pour des raisons de mode ou par la découverte de sources d'énergie plus économiques, remplaçant avec avantage la combustion des hydrocarbures liquides ou gazeux. En attendant, nous pouvons étudier fructueusement le fonctionnement des moteurs actuels, qui resteront encore pendant bien des années en service, et en apprendre les secrets les plus complexes, qui sont en même temps les plus utiles à connaître.

CHAPITRE II

Fonctionnement du moteur à pétrole

Avant d'aller plus loin, il me semble indispensable d'examiner le mode de fonctionnement des moteurs à mélange d'air et de vapeurs combustibles, désignés couramment sous l'appellation générique de *moteurs à pétrole*, bien qu'ils consomment de l'*essence* légère et non le véritable pétrole lampant utilisé pour l'éclairage.

Un mot d'historique n'est pas non plus inutile pour rappeler par quelles transformations a passé cette machine avant d'en arriver à la perfection relative qu'il faut lui reconnaître actuellement.

On peut faire remonter la première idée du moteur à gaz au dix-septième siècle; et bien qu'à cette époque le gaz d'éclairage fût encore absolument inconnu, il n'est nullement paradoxal d'avancer que cette invention découle de la machine à poudre imaginée en 1678 par l'abbé de Hautefeuille. Les moteurs à gaz sont, en effet,

pour la plupart, des appareils à explosion déri-
vant de cette machine à poudre, et l'idée d'em-
prunter la force motrice à un gaz dilaté par la
chaleur était en germe dans ce système qui uti-
lisait l'énorme puissance explosive d'un grain de
poudre à canon.

Deux ans après que l'abbé Hautefeuille eut
exposé son idée dans son mémoire sur la
*Manière d'élever de l'eau par le moyen de la
poudre à canon*, le savant hollandais Huygens
publia à son tour un travail analogue, dans
lequel il donnait la description d'un premier
appareil, se composant d'un cylindre formé par
un piston et pourvu de deux tuyaux de dégagement en cuir, formant soupapes ; on enflam-
mait la poudre dans une petite boîte vissée sur le
fond de ce cylindre. L'explosion avait pour effet
de chasser l'air remplissant le cylindre ; les
tuyaux se trouvant refermés aussitôt l'échappement produit, le vide était obtenu sous le piston
qui redescendait aussitôt par l'action de la pression atmosphérique.

Ce système était certainement très rudimentaire ; aussi ne donna-t-il que des résultats fort
médiocres et c'est ce qui explique pourquoi Papin
chercha à remplacer la poudre par une autre
substance, d'action plus certaine, moins brutale,
et permettant d'obtenir un vide plus parfait dans

le cylindre. En cherchant ainsi, l'ingénieux Blésois trouva le moteur à vapeur, et les mécaniciens qui le suivirent, adoptèrent ce procédé, et le moteur atmosphérique à poudre fut abandonné.

Il faut franchir plus d'un siècle pour retrouver la suite de cette application primitive de la puissance des mélanges détonants. Philippe Lebon, le créateur de l'industrie du gaz d'éclairage, possède également des titres indiscutables à l'invention du moteur à gaz, car il prévoyait, dans le brevet qui lui fut délivré en 1799, l'application de ce gaz à la production de la force motrice. Dans l'idée même de cet homme de génie, l'éclairage n'arrivait même qu'en seconde ligne, et, dans une addition à son brevet, addition datée de 1801, il exposait très nettement le projet d'un moteur à gaz avec inflammation par l'étincelle d'une machine électrique mue par l'appareil lui-même, et pourvu d'une pompe pour comprimer le mélange d'air et de gaz avant l'explosion. On peut donc croire que si le malheureux inventeur n'eût pas été assassiné en 1804, l'industrie aurait été dotée, dès le commencement de ce siècle, des moteurs à gaz qui ont dû attendre encore soixante ans avant d'entrer dans la pratique. Mais enregistrons le fait à l'honneur de la science et du génie français, et revendiquons hautement pour

Hautefeuille et Lebon l'invention d'un moteur qui détrônera, sans nul doute, un jour, le chef-d'œuvre de Watt.

Depuis l'année 1799 jusqu'à l'an 1860, époque de l'apparition du premier moteur à gaz réellement pratique, nous voyons surgir plusieurs modèles, dont certains ne manquent pas d'ingéniosité. Citons, parmi les plus intéressants, ceux de Welman, Wright, Johnston et Barnett.

La machine Lenoir, construite en 1860 par Marinoni, présentait l'aspect d'une machine à vapeur horizontale à double effet. Le mélange actif était enflammé par une étincelle électrique produite par une pile dont le courant traversait les spires d'une bobine de Ruhmkorff pour acquérir une haute tension. La marche était très régulière, le prix peu élevé; aussi, devant les avantages que présentait ce nouveau moteur, n'exigeant ni chaudière encombrante, ni fondations coûteuses, ni surveillant, ni approvisionnement d'aucune sorte, on crut que la dernière heure de la vapeur, en tant que puissance motrice, avait sonné, et l'émoi général fut tel qu'un moment le succès de Lenoir fit pâlir l'étoile de Watt!...

Mais on ne tarda pas à reconnaître des défauts considérables à ce système qui, d'abord porté aux nues par un enthousiasme irréfléchi, fut ensuite l'objet d'un dénigrement général et

quelque peu injuste. On constata que son entretien, vu la force développée, coûtait beaucoup
plus cher que celui d'une machine à vapeur
d'égale force : il consommait, en effet, plus de
3.000 litres de gaz par cheval et par heure. Il
exigeait, pour le refroidissement convenable de
son cylindre, une quantité d'eau quatre fois plus
considérable qu'un moteur à condensation ; enfin,
il fallait l'arroser constamment d'huile pour
assurer la régularité du mouvement. Tous ces
défauts furent considérés comme rédhibitoires,
et, après un accueil des plus favorables, le
moteur Lenoir fut radicalement abandonné.

A partir de 1885, à la suite de l'apparition du
nouveau moteur Lenoir et du *Simplex*, la plupart des constructeurs adoptent le fonctionnement à quatre temps, d'après le cycle de Beau de
Rochas, et nous voyons apparaître les premiers
moteurs à air carburé, c'est-à-dire pouvant marcher par la combustion des essences légères de
pétrole. Citons les moteurs de Durand, Daimler,
Tenting, Kœrting-Boulet, de Dion et Bouton,
Noël, Forest, Ragot, etc., et le moteur à six
temps de Rollason et Atkinson.

L'Exposition universelle de 1889 réunit 31 con-
currents et 53 machines représentant plus de
1.000 chevaux de force. Toutes, sauf quatre,
procédaient du système Otto, qui était basé sur

les principes indiqués, en 1862, dans un brevet
par le savant français M. Beau de Rochas.

Pour la première fois on put voir une machine
fonctionner avec un gaz autre que celui des canalisations d'éclairage, avec un gaz pauvre produit à bas prix par un gazogène spécial. C'était
un moteur *Simplex*, monocylindrique, de 100
chevaux de force, qui ouvrait ainsi un nouvel
horizon aux chercheurs et démontrait l'avenir
qui s'ouvrait devant les unités de grande puissance alimentées aux gaz pauvres.

On peut dire que l'histoire des moteurs à gaz
comporte trois périodes distinctes : la première,
qui est la période d'invention, s'étend jusqu'à
l'année 1860 ; l'idée du moteur avait été émise,
retournée sur toutes ses faces mais non pas mise
à exécution. M. Lenoir a réalisé ce qui n'était
avant lui que théories vagues et abstraites : il a
créé la machine entrevue par Lebon et indiqué
la voie à ses successeurs, c'est la seconde période
de création et de réalisation. Nous sommes maintenant dans une troisième période depuis 1889 ;
d'une part, le moteur à gaz pauvres, produits par
des gazogènes, concurrence la machine à vapeur
dans toutes ses applications, et devient le rival
souvent heureux de l'appareil à chaudière ;
d'autre part, le moteur à hydrocarbures à grande
vitesse de rotation a pris une extension immense,

en raison de sa simplicité et de sa légèreté, et cette vogue n'est pas près de se ralentir.

Fonctionnement. — Tous les moteurs d'automobiles — à part deux ou trois types — fonctionnent d'après le *cycle à quatre temps* imaginé par Beau de Rochas et appliqué pour la première fois par le Dr Otto. Dans ce cycle, les phases se succèdent toujours dans le même ordre pendant le mouvement de va-et-vient du piston à l'intérieur du cylindre. Le cycle comprend quatre *temps* ou *phases* exigeant, pour s'opérer, deux tours complets de l'arbre ou quatre courses simples du piston (deux en avant, deux en arrière).

Pendant le *premier temps*, le moteur agit comme une pompe et le piston, en se déplaçant, *aspire* un certain volume d'air qui se charge de vapeurs combustibles en traversant de l'essence de pétrole de densité inférieure à 700, essence qui est distribuée par le jeu d'un *carburateur*.

Dans le *second temps*, le piston, revenant en arrière à son point de départ *comprime* (la soupape d'aspiration ou d'admission étant automatiquement fermée) le mélange d'air et d'hydrocarbure gazeux dans une cavité ménagée au fond du cylindre et appelée *chambre d'explosion*. La compression peut atteindre, à la fin de la course du piston, 4, 5 et même 6 kilogrammes par centimètre carré.

La compression achevée, après que l'arbre a fait une révolution complète, le mélange comprimé est enflammé par un moyen quelconque — en automobilisme on préfère l'étincelle provenant d'un générateur électro-chimique ou électro-mécanique, — une explosion se produit qui lance le piston à l'autre bout du corps de pompe dans lequel il se meut. Enfin, durant le dernier temps, le piston revenant en arrière, la soupape d'échappement est soulevée par un dispositif mécanique et les résidus des gaz brûlés s'échappent au dehors. En résumé, les phases du cycle se succèdent comme suit :

1er temps, course de piston, depuis le fond du cylindre jusqu'à son extrémité avant : *aspiration du mélange d'air et de gaz combustible.*

2e temps, course du piston d'avant en arrière : *compression du mélange* dans une capacité close située à l'arrière du cylindre et appelée chambre d'explosion.

3e temps, course du piston d'arrière en avant : *explosion et détente, action motrice* produite par la pression des gaz sur le piston.

4e temps, course du piston d'avant en arrière : *échappement et refoulement des produits de la combustion.*

On voit donc que, sur quatre courses du piston, soit deux tours complets de l'arbre de couche, il n'y en a qu'une seule, correspondant à une demi-révolution de l'arbre, qui soit réellement utile et produise un effort moteur. On est obligé d'ajoindre, à l'arbre, un volant assez lourd pour emmagasiner la force vive de l'explosion et assurer la continuité du mouvement de rotation pendant un tour et demi.

Si nous analysons le mécanisme d'un moteur très simple, par exemple le type de Dion-Bouton pour motocycles, nous verrons qu'il se compose d'abord de deux pièces réunies par un joint. Ces deux pièces sont le cylindre et le carter. Le cylindre est un corps de pompe dans lequel se meut le piston formé de trois anneaux légèrement extensibles ou *segments*. Ce piston est relié par une tige ou bielle articulée à un tourillon reliant deux disques pesant en fonte, jouant le rôle de volant et enfermés dans une boîte d'aluminium affectant l'aspect d'un tambour. L'inflamation du mélange d'air et de vapeurs de pétrole ou d'alcool produit dans un carburateur est assurée par une étincelle électrique produite à l'instant précis grâce à un dispositif mécanique très simple. Cette étincelle jaillit entre les deux pointes métalliques d'une *bougie* disposée dans la chambre d'explosion et enflamme le mélange explosif. La dilatation des gaz, instantanément développés à très haute température, chasse le piston en avant et produit l'action motrice. Enfin, pendant la quatrième course du piston (deuxième course arrière), une came, montée sur un arbre secondaire (portant également la came d'allumage) et qui fait un tour pour deux de l'arbre moteur, soulève la tige de la soupape d'échappement Les gaz brûlés, résidus de la combustion, s'échappent par cet orifice et la soupape retombe sur son siège, rappelée par le ressort antagoniste. Le mouvement se continue, et les quatre phases se suivent toujours dans le même ordre qui vient d'être indiqué. Tel est le principe sur lequel sont basés presque tous les moteurs employés en automobilisme à part un ou deux systèmes fonctionnant d'après un cycle en deux temps.

Refroidissement des cylindres.—La chaleur produite par l'explosion du mélange d'air et de vapeur de pétrole à l'intérieur du ou des cylindres n'est pas entièrement utilisée pendant la détente de ces gaz, aussi tout les organes du moteur à pétrole s'échauffent-ils rapidement dès qu'ils travaillent. Sous l'influence des explosions qui se succèdent très rapidement, les parois métalliques ne tardent pas à atteindre une telle température que le fonctionnement devient irrégulier et incertain et que bientôt le mouvement s'arrête. Il est donc de toute nécessité de combattre cet échauffement exagéré qui mettrait en peu de temps le moteur neuf hors de service, tout en ne fournissant pendant la marche, que des résultats économiques déplorables.

Refroidissement par eau. — Avec ce système, le moteur est pour ainsi dire plongé dans l'eau, l'eau entoure le cylindre, la culasse, la chambre des soupapes. On conçoit facilement qu'il soit d'une grande efficacité, mais il n'est pas sans présenter quelques inconvénients.

En effet, toute la chaleur produite par l'explosion doit être absorbée par l'eau et par l'eau seulement; ce qui fait que cette dernière va être vite réduite en vapeur. Il est donc nécessaire, pour assurer une marche d'une certaine durée, d'avoir une grande quantité d'eau ou de lui faire perdre à son tour la chaleur absorbée en la faisant circuler à l'aide d'une pompe dans des tubes munis d'ailettes; d'où il résulte un tel surcroît de poids, d'encombrement de prise de force au moteur que ce système devient impossible pour les machines légères.

De plus, ce refroidissement est, dans bien des cas, trop considérable et vient diminuer le rendement du moteur.

Il est en effet inutile de maintenir la culasse et le cylindre à une température qui est au maximum de 100°, alors que ces organes peuvent supporter une température bien plus considérable sans inconvénient. On a donc une grande quantité de chaleur absorbée par l'eau inutilement, ce qui correspond à une perte de force, une quantité d'eau plus grande évaporée, ou à l'augmentation de la puissance des appareils destinés à éviter cette évaporation : dans tous les cas une perte évidente.

Refroidissement par l'air. — Sur les machines légères (tricycles, quadricycles) on a pu refroidir suffisamment les moteurs de moyenne puissance dont elles sont munies en se servant du courant d'air provoqué par la marche du véhicule. Afin d'augmenter l'efficacité de ce dispositif, la chambre d'explosion, la culasse et le cylindre sont entourés d'ailettes venues de fonte. Grâce à la conductibilité du métal, ces organes rayonnent leur chaleur par une surface plus considérable que s'ils étaient unis.

Mais cette conductibilité du métal limite elle-même la longueur à donner aux ailettes et par conséquent la surface de rayonnement que pourra avoir le moteur.

Les ailettes ne sont d'ailleurs efficaces que lorsqu'une grande différence de température existe entre elles et l'air qui vient à leur contact.

Les moteurs construits avec des culasses et des cylindres en fonte (métal le plus souvent employé et le seul possible pour le cylindre) seront donc

munis d'ailettes relativement courtes et rayon-
nant leur chaleur par une surface limitée comme
nous l'avons dit plus haut par la conductibilité
de ce métal. On conçoit en effet facilement l'inu-
tilité d'une ailette qui serait d'une longueur
telle que son extrémité pourrait être froide alors
que le cylindre moteur serait porté à la température du rouge sombre. On peut ainsi déduire
l'importance d'une ailette dont la conductibilité
serait maximum, c'est-à-dire dont la température
à son point le plus rapproché du moteur serait
presque la même qu'à son extrémité la plus
éloignée.

Le refroidissement par ailettes n'est donc réellement efficace et d'usage pratique que pour les
moteurs de faible force montés sur des véhicules
à marche rapide. La violence du courant d'air
résultant de la progression est, dans ce cas, le
principal agent de réfrigération.

Le facteur intéressant à considérer est, ici, la
progression de la machine pour un tour du moteur.

Si l'on suppose connu et fixe le poids d'une
machine légère (un tricycle par exemple) avec
son cavalier, on pourra appliquer sur cette
machine un moteur de 1, 2, 3, 4 ou même 5 chevaux, mais il faudra que la progression par tour
du moteur soit proportionnée à sa puissance sans
quoi le refroidissement serait insuffisant.

Si nous prenons un tricycle muni d'un moteur de force F faisant avancer la machine d'une longueur A par tour, qui lui donne un refroidissement suffisant, et que, transportant ce moteur sur une machine plus lourde (une voiturette par exemple ce qui forcera de réduire encore la multiplication), nous n'ayons plus comme progression de la machine que $\frac{A}{b}$ par tour du moteur, notre moteur chauffera et ne pourra donner sa force, heureux si de plus graves accidents ne se produisent.

C'est ce qui explique l'insuccès des moteurs à ailettes appliqués aux voiturettes même légères. Ces moteurs qui, sur des machines rapides comme les tricycles donnent d'excellents résultats, n'ont donné que des déboires appliqués aux machines plus lourdes. C'est encore ce qui explique les mécomptes donnés par les changements de vitesse dont quelques-uns sont très ingénieux, bien construits et d'un fonctionnement parfait, mais vont quelquefois jusqu'à diviser l'avancement de la machine par 2,6 et 2,8. Démultiplication nécessaire pour assurer le démarrage.

Cette impossibilité de voir diminuer leur progression pour un nombre d'explosions donné est encore bien plus sensible sur les moteurs forts que sur ceux de petite puissance.

L'emploi des moteurs forts à ailettes, munis de changements de vitesse, sur des voiturettes légères donnèrent pour cette raison des résultats déplorables ; l'on essaya bien d'y remédier de plusieurs façons, en créant, par exemple, artificiellement un courant d'air assez puissant autour de la culasse et du cylindre ; mais, tous les systèmes proposés ne contentèrent personne, leur application n'étant pas toujours des plus faciles et sans inconvénients. On ne pouvait songer à se servir, sur les motocycles, du moteur à circulation d'eau complète, c'eût été trop lourd, trop compliqué et trop encombrant. Il a bien fallu y arriver, cependant.

Le système mixte, qui consiste à remplacer sur les moteurs la culasse à ailettes par une culasse à circulation d'eau donna de très bons résultats et obtint vite un grand succès. Par ce moyen, la provision d'eau nécessaire pour un bon refroidissement est insignifiante, l'emploi de la pompe est inutile, le principe du thermosiphon pouvant être facilement employé pour l'alimentation du moteur par le réservoir.

Un constructeur, entre autres, s'est fait remarquer par la disposition donnée aux culasses de ce genre. M. Deckert a conservé, dans les modèles qu'il a innovés, toutes les pièces de l'ancienne culasse à ailettes, qui demeurent ainsi à la même place dans son modèle. Les dimensions des chambres de compression sont respectées, ainsi que l'emplacement des soupapes, robinet de compression, etc., tel qu'il a été voulu par le constructeur du moteur.

Les soupapes et leur siège étant maintenus à une température plus normale, nécessitent un rodage moins fréquent.

La bougie n'est plus chauffée à l'excès, ce qui fait disparaître les ratés dont on ne s'expliquait pas la cause auparavant. La force du moteur est augmentée, car, indépendamment de la grande régularité de marche obtenue, la culasse étant à une température peu élevée, l'on admet pour chaque aspiration le même volume de gaz que précédemment, mais plus frais, ce qui rend la compression plus forte et l'explosion plus puissante.

L'huile du moteur ne se calcine plus en formant des dépôts sur le piston et la culasse, il y a, de ce fait, économie de cette dernière.

Enfin, l'un des derniers avantages et qui n'est pas le moindre, elles permettent par leur emploi l'usage du débrayage et du changement de vitesse sans crainte de diminuer la force du moteur ou de le détériorer.

Le montage de ces culasses est des plus simples et se fait très rapidement. Suivant les différentes positions occupées par le moteur, les arrivées d'eau peuvent se placer là où l'on juge nécessaire ; à cet effet, les bouchons et les raccords sont interchangeables ; comme les culasses à ailettes, elles se fixent sur le moteur soit par des colonnes (qu'il est inutile de changer pour le moteur Dion Bouton), soit par des boulons.

Il est bien entendu que pour les moteurs d'automobiles comportant plusieurs cylindres, le dispositif mixte serait insuffisant, vu l'énorme quantité de calorique qu'il est nécessaire d'absorber. Les cylindres sont donc doublés d'une chemise extérieure annulaire dans laquelle circule de l'eau venant d'un réservoir situé au-dessus du moteur. L'eau chaude revient au réservoir soit par effet physique de différence de densité entre l'eau chaude et l'eau froide (thermo-siphon), soit par le jeu d'une petite pompe rotative commandée par une petite transmission *ad hoc*. Pour enlever ensuite à cette eau son excès de chaleur, la pompe la force à circuler dans une série de tuyaux de grande longueur, pourvus d'ailettes rapprochées assurant une grande surface de contact avec l'air ambiant, ou dans les canaux d'un *radiateur* à alvéoles rapprochées et traversées par un violent courant d'air chassé par les ailes d'un ventilateur actionné comme la pompe, par une

transmission prise sur le moteur. On parvient
ainsi, et non sans peine comme on peut
s'en rendre compte, à se débarrasser de l'excès
de chaleur provenant de la combustion de l'essence, ce qui montre bien quel chemin il reste
à parcourir pour faire du moteur d'automobile un appareil industriel quelque peu économique.

Cependant, ne nous plaignons pas trop. Le
moteur à pétrole est actuellement le plus léger
qui soit, et cette légèreté provient surtout de la
nature de ses approvisionnements. Avec deux
litres et demi d'essence pesant deux kilogrammes, une motocyclette de 1 cheval 1/2 marche
trois heures et demie et permet à un cavalier de
poids ordinaire de parcourir 100 kilomètres.
Qu'on songe à ce que consommerait une machine
à vapeur pour produire un travail semblable.
Et pourtant, tous les physiciens affirment que
l'énergie thermique est obtenue toujours dans
des conditions à peu près analogues.

D'où vient donc cette supériorité de légèreté
dans l'alimentation du moteur à essence ? Tout
simplement de ce que nous transportons avec
nous un réservoir immense et volumineux que
nous ne faisons pas entrer en ligne de compte,
parce que ce qu'il nous fournit ne nous coûte
rien, ne nous embarrasse point, et que nous

n'avons pas besoin de monter ce réservoir sur nos voitures, l'ayant toujours à portée.

Car ce réservoir, c'est l'atmosphère.

C'est une question encore peu connue, tout simplement parce qu'on ne s'en est pas occupé, et que je demande la permission d'exposer très brièvement ici.

Voulez-vous savoir ce qu'il faut d'air pour brûler un litre d'essence de façon parfaite ? Un peu de chimie va nous l'apprendre.

La composition centésimale de l'essence est :

Hydrogène (H)	17
Carbone (C)	82
Oxygène (O)	1
	100

Un kilogramme d'essence contient donc : 170 grammes d'hydrogène, 820 grammes de carbone, 10 grammes d'oxygène.

Comptons maintenant en litres, en prenant la densité moyenne de l'essence, soit 700 grammes.

Un litre d'essence contient :

$$170 \times 0,7 = 119 \text{ grammes d'hydrogène,}$$
$$820 \times 0,7 = 574 \quad \text{»} \quad \text{de carbone,}$$
$$10 \times 0,7 = 7 \quad \text{»} \quad \text{d'oxygène.}$$

Les produits de la combustion de l'essence avec l'air sont de l'eau (H_2O) et de l'acide carbonique (CO_2), sans compter naturellement l'huile qui remonte toujours un peu dans la chambre d'explosion et qui ne sert à rien en l'affaire. Les poids atomiques de ce corps sont :

Hydrogène (H).................... 1
Carbone (C)..................... 12
Oxygène (O)..................... 16

Donc, pour l'eau, 1 gramme d'hydrogène exige 8 grammes d'oxygène, car 2 grammes exigent 16 grammes. Nous en avons 119, donc pour brûler l'hydrogène d'un litre d'essence, il nous faudra $119 \times 8 = 952$ grammes d'oxygène. L'acide carbonique (CO_2) étant pour 12 grammes de carbone, il faut 32 grammes d'oxygène. Nous en avons 574, il en faut donc : $\dfrac{574 \times 32}{12} = 1530$ gr.

En résumé, un litre d'essence exige donc pour brûler :

1° L'hydrogène : 952 grammes d'oxygène,
2° Le carbone : 1530   »   »   soit 2482 gr.

Arrondissons et négligeons les 7 grammes d'oxygène déjà contenus dans le litre d'essence, nous verrons qu'il faut $2^{kg},48$ d'oxygène. Or, l'air est composé en poids d'un cinquième d'oxygène ; il faut donc brûler pour un litre d'essence :

$$2,48 \times 5 = 12 \text{ kg. } 400 \text{ d'air.}$$

Ce qui nécessiterait, comme on voit, un beau gazomètre, s'il fallait un réservoir pour emmagasiner ce comburant indispensable.

CHAPITRE III

Les Carburateurs

Dans tout appareil générateur de mouvement mécanique, autrement dit dans tout moteur primaire, on distingue deux parties bien séparées : le *générateur* produisant le fluide, et le *mécanisme moteur* utilisant ce fluide pour obtenir l'énergie de mouvement. Tel est le cas pour la machine à vapeur et les autres moteurs thermiques à gaz ou à hydrocarbures.

Le carburateur est au moteur à explosion, qui ne peut, pour une raison ou pour une autre, être alimenté de gaz de ville ou de gaz de *gazogène*, ce qu'est la chaudière pour la machine à vapeur, avec la différence toutefois que cette dernière possède une réserve d'énergie toujours suffisante pour assurer la régularité de la marche, tandis que le moteur à hydrocarbure fabrique au fur et à mesure de ses besoins, cylindrée par cylindrée, le mélange qu'il consomme.

Nous avons expliqué, dans le précédent chapitre, le mode d'action des moteurs à mélange
tonnant et nous n'y reviendrons pas ; nous nous
bornerons à examiner ici les dispositions données
par les inventeurs et les constructeurs à ce com-
plément indispensable de tout moteur à explosion, le carburateur, qui varie suivant la nature
du produit employé pour obtenir la carburation
de l'air : gazomètre, kérosène, alcool.

L'essence de pétrole, à la densité de 650 à 710,
constitue le liquide encore le plus employé, et
sera encore pendant longtemps, le seul procédé
pratique pour charger de gaz combustibles l'air
aspiré par le piston du moteur pendant le premier temps du cycle. On fait circuler cet air
dans une caisse ou récipient métallique en partie rempli d'essence. L'air léché la surface du
liquide ou barbote à travers et parvient ensuite
au moteur. Tels ont été les premiers carburateurs
employés, et dont le type de Dion-Bouton, avec
la « boîte à sardine » des premiers tricycles à
pétrole, est le plus connu.

Dans plusieurs appareils pour motocycles,
basés sur ce principe, la boîte est divisée en
deux parties que l'on peut mettre en communi-
cation au moyen d'un robinet ; l'un des compartiments sert alors de réservoir à essence, tandis que
l'autre constitue le carburateur proprement dit.

Mais on tend de plus en plus à abandonner ce dispositif, malgré son apparente simplicité, car on lui a reconnu à l'usage de sérieux inconvénients dont le moindre est de fournir un mélange d'air et de vapeurs d'essence de composition sans cesse variable. On préfère aux appareils à barbotage ceux dits à *pulvérisation*, dont il existe aujourd'hui un nombre considérable de systèmes ne différant toutefois entre eux que par des détails de construction.

L'un des plus connus est celui de Longuemare, dont la figure 1 montre le schéma. Il se compose de deux pièces distinctes réunies par un raccord soudé : le *niveau constant* et le *pulvérisateur*.

L'essence contenue dans un réservoir placé en charge arrive par le tuyau H dans une boîte métallique de forme cylindrique A contenant un flotteur B, lequel commande, à l'aide de leviers articulés, les mouvements d'un pointeau conique obturant l'arrivée de l'essence. Par le jeu de ces pièces, le liquide est maintenu à un niveau constant dans la chambre M, laquelle est surmontée d'un chalumeau pulvérisateur L qui a pour effet de diviser l'essence en gouttelettes extrêmement ténues qui restent en suspension et forment un mélange parfait avec l'air arrivant par l'ouverture tubulaire X. Cet air ainsi chargé de particules d'hydrocarbures traverse le tube d'étranglement N et le disque perforé O pour se rendre dans la chambre R où il est aspiré par le moteur à travers la plaque tubulaire Y. La pro-

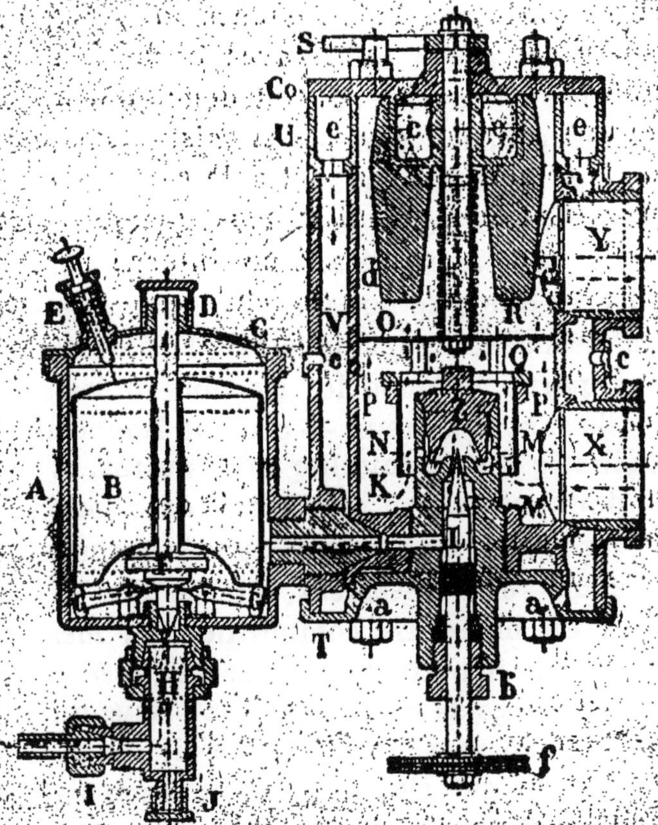

Fig. 1. — Coupe d'un carburateur Longuemare.

portion du mélange est graduée à volonté au moyen de la manette S et de la clé de carbura-tion Q.

Ce procédé de carburation de l'air permet de doser exactement la richesse du mélange explosif et d'utiliser jusqu'aux dernières particules de carbure contenues dans l'essence ou la gazoline, ce qui n'est pas possible avec la méthode par simple barbotage. On conçoit donc qu'il ait acquis une grande vogue, et il existe donc maintenant de nombreux modèles de carburateurs à à pulvérisation présentant tous quelque particularité dans leur mécanisme interne pour atteindre au mieux le but cherché, qui est l'économie d'essence et la régularité dans l'alimentation. Citons, parmi les modèles les plus intéressants — et ils sont nombreux — ceux de Roubeau, de Hennebutte et de Goutallier entre autres, et dont nous donnons un peu plus loin la description.

L'évaporation de l'essence dans le carburateur amène un refroidissement intense des parois, surtout en hiver. La composition du mélange carburé et la marche du moteur s'en ressentent, et on est obligé de réchauffer l'extérieur du pulvérisateur au moyen d'un jet d'air chaud emprunté au moteur. Quand il est fait usage d'alcool pur au lieu d'essence, ce réchauffement est encore rendu plus nécessaire et oblige à munir le carburateur d'un réchauffeur spécial permettant de ramener le liquide à la température convenable pour obtenir un mélange satisfaisant.

DIFFÉRENTS SYSTÈMES DE CARBURATEURS POUR MOTEURS D'AUTOMOBILES

Le « Sthénos » de Moisson. — Ce système de carburateur s'applique aux moteurs monocylindriques comme à ceux comportant plusieurs cylindres; il utilise tous les carburants, est insensible aux secousses et trépidations, et assure une consommation réduite. Il se construit suivant cinq grandeurs pour moteurs de 1 cheval à 12 chevaux et au-dessus. Le papillon est actionné soit à la main, soit par le régulateur du moteur.

Auto-carburateur Hennebutte. — C'est un appareil peu volumineux et qui peut être visité dans tous ses détails après un démontage très simple. Il se règle une fois pour toutes selon la nature du combustible employé, et procure une marche régulière en petite ou en grande vitesse. Il réalise la combustion complète du mélange gazeux qu'il produit et fournit, paraît-il, des résultats économiques sérieux.

Carburateur Boürrienne. — Ce carburateur à pulvérisation est construit sur deux tailles différentes pesant l'une 260 et l'autre 300 grammes. Le modèle sans manette de réglage a son ouverture d'air automatique, et le moteur aspire la quantité de mélange nécessaire suivant le plus ou moins d'avance à l'allumage qui lui a été donné, sans qu'il soit besoin d'augmenter le débit d'essence. Il suffit donc d'un seul réglage préliminaire et la carburation est assurée une fois pour toutes avec ce système.

Carburateur Roubeau. — C'est une réduction, à usage de motocyclettes, des modèles à niveau constant et gicleur, déjà connus. Toutefois, les organes en sont simplifiés et le liquide carburé est très énergique, ce qui assure un mélange bien homogène et de composition constante. Il en résulte un fonctionnement très régulier des petits moteurs auxquels ce modèle est appliqué.

Carburateur « D. R. ». — Il se distingue des types analogues par sa simplicité, son niveau constant réglable et les dispositions données à la chambre de pulvérisation, conditions qui

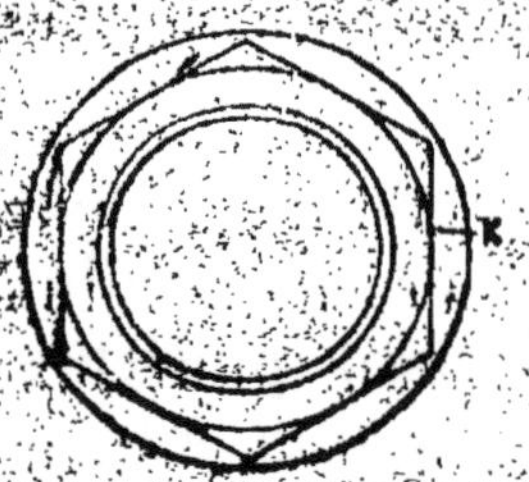

F. 2. — Carb. Roubeau

donnent un mélange parfait et un départ instan-
tané. Le réglage est opéré une fois pour toutes
et la dépense d'essence est réduite au strict nécessaire pour l'alimentation du moteur.

Carburateur « Néos ». — Ce modèle est basé
sur l'évaporation, non pas sur la pulvérisation
des hydrocarbures liquides ou de l'alcool. Ces
corps se mélangent à l'air traversant l'appareil sous forme de vapeurs et non de gouttelettes liquides; il en résulte une composition
plus stable du mélange, assurant une grande
régularité de marche et une réelle économie.
Des gaz chauds empruntés au moteur circulent
dans une double enveloppe entourant la chambre
de carburation et réchauffent à la fois l'air pur
aspiré, l'essence absorbée par les disques évapo-
ratoires, et le mélange détonant avant son admission aux cylindres. Une large soupape se
soulevant à chaque aspiration ne laisse pénétrer
dans l'appareil que la quantité d'air frais nécessaire au rendement maximum du moteur et suit
automatiquement sa marche; elle commande
un petit clapet indépendant qui n'admet le liquide
qu'à chaque aspiration et supprime l'écoulement
dès que le moteur s'arrête.

Le « *Néos* » n'ayant pas de niveau constant ni
d'ajutages de pulvérisation, est insensible aux
secousses, de même qu'aux variations atmos-

phériques, et ses organes ne peuvent ni s'obstruer ni se gripper. Ce sont là de sérieuses qualités et qui permettent de prédire un grand succès à ce modèle.

CLASSIFICATION DES DIVERS SYSTÈMES
DE CARBURATEURS

On a d'abord employé l'essence minérale légère de 650 à 700 de densité, extraite du pétrole, pour alimenter les moteurs à explosion et remplacer ainsi le gaz d'éclairage, chaque fois que l'on se trouvait éloigné des canalisations distribuant ce gaz. Puis on a songé, le pétrole étant un produit étranger, à utiliser un liquide que l'agriculture française peut fournir en grandes quantités : l'alcool, dénaturé par des procédés spéciaux pour le rendre impropre à la consommation. Le Gouvernement a déjà pris de sérieuses mesures pour dégrever ce liquide et lui permettre de concurrencer l'essence de pétrole seule employée jusqu'alors.

L'organe spécial permettant d'effectuer le mélange tonnant par le brassage des vapeurs combustibles et de l'air atmosphérique, s'appelle le *carburateur*. Il existe des variétés assez nombreuses de ces carburateurs, qui peuvent vaporiser aussi bien de l'essence que de l'alcool.

Nous emprunterons à leur sujet quelques données à un remarquable rapport publié dans le *Bulletin des Ingénieurs civils* par M. Lucien Périssé.

On peut classer les carburateurs suivant plusieurs catégories. On trouve, en effet, quatre sortes d'appareils :

1º Les carburateurs à barbotage ou à évaporation par surface (Pétréano, Delahaye, Henriod, Duplex, etc.);

2º Les carburateurs à pulvérisation du liquide dans un courant d'air (Longuemare, Martha, de Dion-Bouton, etc.);

3º Les carburateurs à distribution, dans lesquels la quantité de liquide est distribuée d'une façon dosimétrique (Gobron-Brillié, Villain, etc.).

La question du réchauffement du carburateur présente une grande importance, surtout quand il s'agit d'utiliser de l'alcool pur ou carburé comme combustible. Pour éviter les inconvénients de l'entraînement jusqu'à l'intérieur du cylindre des particules d'alcool non gazéifiées, il est de toute nécessité de fortement chauffer le carburateur jusqu'à une température voisine de 100 degrés et à laquelle on peut être certain que tout le liquide est vaporisé. Mais il faut se garder, d'autre part, d'introduire un gaz trop chaud dans le cylindre, de crainte de voir les clapets des soupapes se corroder et le rendement diminuer par une modification de compression. La remarque suivante vient à l'appui de cette assertion :

Un constructeur d'automobiles dispose son carburateur à alcool convenablement, mais le tuyau d'amenée du gaz carburé au moteur est trop court et s'échauffe en passant trop près de la lampe d'allumage : on a l'idée de mettre un tuyau plus long contournant le cylindre en dehors de l'action de la lampe ; ce tuyau a pour effet de parfaire le brassage en rafraîchissant le mélange, immédiatement on constate une marche et un rendement meilleurs.

En ce qui concerne le chauffage, on peut classer les carburateurs suivant les trois catégories suivantes :

A. *Réchauffement par conductibilité.* — On emploie pour ce chauffage les chaleurs perdues des gaz de l'échappement, soit directement, soit par une dérivation : tels sont les carburateurs Pétréano et Martha qui peuvent employer la totalité de l'échappement, et tels sont aussi les carburateurs Longuemare, de Dion-Bouton, Le Blon, G. Richard, qui sont disposés pour n'employer qu'une dérivation de l'échappement.

Dans le carburateur Duplex, on utilise par conductibilité la chaleur perdue de la lampe d'allumage ; il en est de même du système allemand Kœrting ; ce mode de réchauffement, qui est des plus simples, est, croyons-nous, appelé à être adopté de préférence dans les moteurs fixes de petites forces ; on peut également comprendre dans cette catégorie le vaporisateur Hornsby-Wallut.

B. *Réchauffement par mélange d'air chaud.* — Ce système, qui donne un chauffage moins énergique, est déjà employé avec l'essence dans certains carburateurs à pulvérisation, mais il ne peut être appliqué pour l'alcool qu'avec des systèmes spéciaux ; c'est par ce système qu'on produit le réchauffement de l'alcool dans le carburateur Delahaye à barbotage, et c'est aussi le système qui est employé dans la distribution Gobron-Brillié pour happer au passage la goutte de liquide combustible qui vient d'être distribuée.

C. *La troisième classe* est celle où l'on ne réchauffe pas les carburateurs ; nous avons indiqué plus haut ce que nous pensions de cette manière de faire qui est encore utilisée par certains constructeurs.

Parmi les systèmes de carburateurs fonctionnant à l'alcool pur ou carburé aussi bien qu'à l'essence de pétrole, il faut citer les suivants :

Carburateur Pétreano. — Il se compose d'un

cylindre traversé par le tuyau d'échappement
du moteur. On remplit la partie annulaire d'alcool par un petit ajutage à clapet disposé à la
partie supérieure; l'air pénètre par des fenêtres
circulaires à ouvertures réglables. L'alcool coule
sur des surfaces coniques garnies, comme le
cylindre central, de toile d'amiante. Ces surfaces
sont, tantôt ouvertes au sommet du cône, tantôt
fermées, mais, dans ce cas, une série d'orifices
convenablement disposés assure le passage; il y
a donc à la fois cascade, évaporation, léchage et
brassage. A la partie inférieure se déposent les
produits lourds qui n'ont pu se vaporiser, et le
mélange se rend par un long tuyau à la soupape
d'admission.

Un inconvénient que l'on pouvait, avec juste
raison, reprocher au premier type de carburateur
que nous venons de décrire est la nécessité absolue où l'on est de régler à la main l'entrée de
liquide et d'air à la partie supérieure du carburateur. Ce réglage est difficile; pour remédier à
cet inconvénient, M. Pétréano a breveté en 1900
un dispositif dans lequel les admissions de
liquide et d'air se font automatiquement en raison de l'aspiration; nul doute que ce ne soit là
une grande amélioration au système dont le
principe, du reste, semble excellent.

Carburateur Delahaye. — Ce carburateur

peut s'employer avec de l'essence ou de l'alcool ;
il se compose d'un récipient cylindrique dans
lequel le liquide est maintenu à niveau constant
au moyen d'un petit réservoir annexe à flotteur.
L'air, aspiré dans une gaine qui passe sous le
moteur, arrive par un tube central qui plonge
dans le liquide ; l'air carburé traverse une
tôle perforée doublée en toile métallique, et
arrive au robinet de mélange à tiroir auquel
aboutit également le tuyau d'arrivée d'air pur.
La position du tiroir donne la proportion d'air
et de gaz convenable, et la quantité de mélange
est réglée par un papillon dit « étrangleur » qui
permet de faire varier le volume dans les cylindres, et par suite la puissance du moteur. Ce
carburateur fournit de bons résultats avec l'alcool, bien que son réchauffement soit plutôt
insignifiant.

La maison Delahaye, qui est longtemps restée
fidèle au carburateur à barbotage, emploie depuis
quelque temps un appareil à pulvérisation,
qu'elle a voulu rendre automatique comme ceux
du type Krebs. Mais elle n'a pas employé une
entrée d'air supplémentaire, estimant que semblable entrée n'introduit pas dans le cylindre la
moindre quantité additionnelle d'air, et ne fait
que diminuer la force d'aspiration exercée sur
l'ajutage. Il semble pourtant probable que, si

cette force d'aspiration est diminuée, c'est que la dépression causée par la fuite du piston l'est aussi, et qu'elle l'est justement par l'afflux d'air auquel l'orifice supplémentaire livre passage.

Carburateur Prunel. — Il n'y a pas une entrée supplémentaire d'air par un orifice spécial, mais, par un orifice unique, une entrée d'air proportionnelle à la vitesse du piston.

L'essence arrive du réservoir à niveau constant dans un espace annulaire, d'où elle gicle par quatre rainures pratiquées dans la couronne.

A l'intérieur de ces jets multiples arrive l'air, en quantité réglée par la levée d'une soupape. Le ressort de cette soupape doit être tel que la levée augmente avec la dépression et que la quantité d'air reste proportionnelle à celle d'essence. Le moyen mis en œuvre est fort simple, mais son efficacité repose tout entière sur la valeur du réglage, qui doit être assez délicat. L'étrangleur, placé à l'entrée de la conduite qui relie le carburateur au moteur, permet de faire varier l'admission.

Carburateur Schaudel. — Ce carburateur, qui alimente les voitures Motobloc, est, à la différence du carburateur Prunel, muni d'une entrée supplémentaire d'air; mais, il ne l'utilise pas pour augmenter la proportion d'air quand le moteur s'accélère. Le clapet à bille, qui normalement obture cette arrivée d'air, laisse seulement pénétrer ce dernier quand toute arrivée du mélange explosif est empêchée, et quand l'invasion du cylindre par l'huile du carter est à craindre.

Ce carburateur comporte, pour la pulvérisation du mélange, un champignon diffuseur, qui est beaucoup moins employé qu'autrefois. On compte aujourd'hui sur la rencontre des jets liquides et gazeux, plus que sur la brisure du jet d'essence sur un obstacle fixe, pour produire le brassage du mélange.

Carburateur Napier. — Il emploie aussi, comme le précédent et comme celui du commandant Krebs, un orifice supplémentaire d'air et une membrane élastique. Le premier est constitué par une soupape à ressort. La seconde, au lieu d'être soumise d'une part à la pression atmosphérique extérieure, de l'autre à la pression intérieure, que diminue l'aspiration du piston, reçoit, au-dessus d'elle, une dérivation de l'eau de refroidissement. La vitesse de circulation de cette eau est, comme on le pense bien, proportionnelle à la vitesse du moteur; il en est de même de la pression qu'elle exerce sur la membrane. Quand cette pression devient suffisante, la membrane exerce sur la tige de la soupape un effort capable de vaincre la tension du ressort et la soupape s'ouvre, laissant pénétrer, dans le tuyau qui conduit l'air chaud au carburateur, une certaine proportion d'air froid.

Carburateur de Dion-Bouton. — Le carburateur de Dion-Bouton est un carburateur à pulvérisation, à jet central et à réservoir de niveau annulaire ; l'alcool arrive par un gicleur de faible diamètre et est entouré d'une gaine d'air, le mélange se brise sur les parois mêmes du robinet de mélange ; un deuxième robinet règle l'introduction de l'air.

A côté du carburateur, qui n'est muni d'aucun réchauffage, se trouve, sur les motocycles, une boîte de silencieux qui porte au-dessus d'elle la lanterne d'entrée d'air ; au moyen d'un papillon qu'on manœuvre une fois pour toutes, on réchauffe plus ou moins l'air envoyé dans le carburateur.

Carburateur « Duplex ». — La Société *Duplex*, qui a procédé à de nombreux essais sur l'alcool, a exposé, au concours agricole de Paris en 1901, un moteur muni d'un carburateur spécial à évaporation chauffé par la lampe du tube d'allumage ; l'alcool, dont le débit est réglé par un petit clapet automatique d'arrivée, coule sur deux plans inclinés chauffés par conductibilité, sur lesquels il ne peut faire autrement que de se réduire en vapeur avant d'être mélangé à l'air.

Ce carburateur est tout à fait remarquable par ses dimensions des plus réduites et la simplicité de son adaptation aux moteurs existants; il n'a pas encore eu, toutefois, la consécration d'une pratique de plusieurs mois.

Distributeur Gobron-Brillié. — Le carburateur distributeur des moteurs Gobron-Brillié est un des plus curieux appareils utilisant l'alcool; nous l'avons placé ici, car il rentre dans une catégorie spéciale dont le principe diffère essentiellement des carburateurs décrits précédemment. Cet appareil se compose d'un robinet conique à alvéoles, qui reçoit un mouvement saccadé par un levier et une roue à rochet. Les alvéoles se remplissent de liquide d'un côté et, de l'autre, viennent successivement se présenter en regard du point de convergence de deux conduits par lesquels un appel d'air provoque l'entraînement mécanique et la pulvérisation du liquide. Cette vapeur d'alcool vient se diluer dans le conduit d'aspiration, et le mélange arrive à la soupape d'admission.

Le cône du robinet distributeur est appuyé sur le boisseau par un ressort spécial ayant pour effet d'empêcher les fuites de liquide.

Le levier qui actionne le cliquet de la roue à rochets du boisseau à alcool reçoit son mouvement alternatif d'un excentrique monté sur l'arbre du moteur. Une masse équilibrée folle sur l'axe de levier de commande est sollicitée par un ressort à boudin, de telle sorte qu'un taquet vient, en marche normale, s'appliquer dans une ouverture *ad hoc* du levier de commande qui reçoit son mouvement d'oscillation de deux bras placés en face l'un de l'autre.

Si la vitesse du moteur dépasse la normale, la masse se déplace, entraîne un culbuteur qui soulève l'un des bras, et arrête l'action du rochet.

Le ressort qui règle cette action de la masse est à tension variable; une manette de réglage agit en même temps sur cette tension du ressort et sur une valve de prise d'air située à l'origine du tuyau d'aspiration qui a pour effet de produire la dépression suffisante à la succion du liquide dans les alvéoles.

Ce système de distributeur mécanique du liquide avec débit variable par le régulateur a reçu, par une pratique suffisante, la consécration de son efficacité et la délicatesse des mécanismes n'a pas été, comme on aurait pu le craindre pour les automobiles, une cause fréquente d'impedimenta.

Nous arrêterons ici la description des principaux systèmes de carburateurs à essence et à alcool actuellement en service à bord des automobiles. Bien que nous n'ayons fait qu'effleurer le sujet, car maintenant les systèmes de carburateurs sont extrêmement nombreux, nous pensons cependant en avoir dit suffisamment pour montrer quel est le fonctionnement des systèmes les plus usités et qui ont reçu la sanction d'une expérience de plusieurs années, expérience qui a mis en lumière leurs qualités et leurs avantages particuliers.

CHAPITRE IV

L'allumage du mélange tonnant dans les moteurs d'automobiles.

Il existe différentes méthodes d'inflammation des gaz introduits dans le cylindre, et l'on peut dire que chaque procédé a ses avantages et ses inconvénients. L'allumage par incandescence d'un tube de fer ou de porcelaine paraît le plus simple et il est aussi sûr que tout autre ; l'allumage par transport de flamme et tiroir est un peu plus compliqué ; l'allumage par magnéto actionnée par le moteur lui-même ne donne aucun souci, mais n'est pas très commode pour les mises en train, enfin il va fort bien par les piles, mais en imposant une gênante servitude, bien que ce soit le meilleur procédé pour les moteurs à air carburé ou à pétrole. Au point de vue de l'économie, tous les systèmes d'ailleurs se valent et il serait difficile de préconiser l'un d'entre eux particulièrement. Les flammes et les tubes à ignition consomment de l'essence, les piles usent du zinc et des substances chimiques les magnétos absorbent du travail et leur prix d'achat est assez élevé; il serait donc aléatoire d'affirmer que tel ou tel système vaut mieux que l'autre.

Toutefois, le procédé seul employé maintenant pour produire l'inflammation du mélange tonnant d'air et de vapeurs d'essence ou d'alcoo- introduit dans les cylindres des moteurs d'auto- mobiles, est l'étincelle électrique jaillissant à l'instant précis, grâce au jeu d'un dispositif mé- canique variable, au sein du mélange à faire exploser.

Les appareils devant engendrer le courant électrique indispensable ou l'utiliser au mieux sont assez différents les uns des autres : diverses solutions ont été proposées, et si aucune n'est absolument parfaite, chacune présente, à côté de certains inconvénients, des avantages qui ne sont pas à dédaigner.

Comme il est indipensable de bien connaître cette partie délicate de tout véhicule mécanique pourvu d'un moteur à gaz tonnant, il nous paraît utile d'examiner dans ce chapitre les appareils actuellement en service sur les autos modernes.

L'appareillage pour l'éclairage électrique dans les moteurs se compose donc : 1° d'un *générateur*;

2° d'un *distributeur*, et 3° d'un *inflammateur* disposé à l'intérieur de la chambre de compression. Suivant les constructeurs, ces appareils peuvent différer beaucoup les uns des autres.

L'un des dispositifs qui reste encore en grande faveur est le générateur hydro-chimique (pile ou accumulateur), dont le courant est modifié et porté à la tension voulue par son passage dans les spires d'un transformateur approprié (bobine de Ruhmkorff). Par le jeu d'un *trembleur* fermant, le circuit au moment voulu, par l'effet de sa chute dans l'encoche d'une came montée sur l'arbre secondaire du moteur, une étincelle jaillit entre les pointes d'une *bougie* vissée dans la culasse et débouchant à l'intérieur de la chambre de compression.

Ce système a pour concurrent le générateur mécanique d'électricité (magnéto ou dynamo) actionné par le moteur qu'il doit desservir. Le distributeur n'est plus un trembleur ; la bobine d'induction est d'ailleurs supprimée, et un *rupteur* assure la production, au moment rigoureusement précis, de l'étincelle d'inflammation.

Les automobilistes faisant usage du premier procédé ont donc le choix, comme générateur de courant primaire, entre la pile et l'accumulateur.

Les piles *sèches* sont une heureuse transformation des piles ordinaires. Elles ont, en effet, la plupart des avantages de ces dernières sans en avoir les défauts. Elles sont étanches ; par conséquent plus de suintements de liquides acides ; plus de dégagements gazeux pouvant incommoder. Leur étanchéité les rend propres à supporter les chocs des transports; elles deviennent donc utilisables pour l'automobile, on peut les mettre dans toutes les positions, dans tous les endroits voulus, on n'a plus besoin de remplacer l'eau ainsi que cela se pratique pour les piles ordinaires. Leur durée est aussi longue, et la seule objection qu'on puisse leur faire est celle de leur poids. La matière agglutinante ou absorbante qu'elles contiennent et qui sert à immobiliser le liquide représente en effet un poids mort assez considérable.

La composition de ces piles est toujours sensiblement la même. Les seules différences résident dans la matière agglutinante employée. On part toujours du type classique zinc, charbon, avec dépolarisant au bioxyde de manganèse. La solution excitatrice est le chlorure d'ammonium (ou sel ammoniac), dissous dans l'eau, avec parfois une légère addition de glycérine pour éviter le desséchement

Le dépolarisant est disposé autour du charbon, qui est souvent constitué par un simple crayon.

Le système charbon et bioxyde de manganèse comme dépolarisant constitue le pôle positif. Le pôle négatif est constitué par une plaque ou un crayon de zinc amalgamé, afin d'éviter l'usure à circuit ouvert. Certains constructeurs pensant gagner de la place ont utilisé le zinc formant pôle négatif pour faire la boîte contenant le reste de la pile. Ils ont obtenu ainsi un récipient résistant et en même temps utile.

Dans les piles sèches, la force électromotrice est sensiblement la même, elle varie entre 1 v. 4 et 1 v. 8. Cette force électromotrice est d'ailleurs assez constante. Quant à la capacité des piles elle est relativement élevée pour de si petits générateurs d'électricité; il faut dire que la résistance intérieure est presque nulle par suite du cloisonnement du liquide entre les parties de matière consistante.

Cette matière varie généralement avec chaque constructeur; chacun d'eux a sa préférence; parmi les matières les plus employées on trouve la sciure de bois, le cofferdam, la cellulose, etc.

Ajoutons que d'après certains constructeurs, les piles sèches n'ont dû le succès qui les a accueillies qu'à la difficulté de trouver, pour les piles à liquide, une fermeture hermétique, d'un prix de revient peu élevé.

En effet, que, dans les piles sèches, l'absorbant

soit le cofferdam, la gélose, la sciure de bois, etc., la quantité du liquide excitateur est très faible et son immobilisation fort préjudiciable au bon fonctionnement de la pile, en raison du *non-renouvellement* du liquide actif en contact avec le zinc; sur ce dernier, au bout de quelques jours de fonctionnement, l'on pourrait remarquer un dépôt d'oxychlorure qui le protège contre l'attaque qu'il doit subir du liquide excitateur et rend la résistance de la pile considérable.

Les meilleurs modèles de piles pour l'allumage dans les moteurs d'automobiles sont incontestablement ceux fabriqués par la maison Leclanché et Cie qui a créé la pile au chlorhydrate d'ammoniaque et l'a portée, on peut l'affirmer, au plus haut point de perfection. De nombreux fabricants se sont ingéniés à copier ce modèle, mais il faut reconnaître qu'en réalité, aucun n'est arrivé à une aussi haute capacité que celle présentée par les types Leclanché, de création récente, et qui sont adoptés par tous les chauffeurs avisés et soucieux d'avoir un allumage absolument irréprochable.

Accumulateurs d'allumage. — L'accumulateur, comme générateur de courant actionnant les transformateurs, compte de nombreux partisans, malgré qu'on puisse adresser certains reproches à ces appareils qui ne sont pas exempts d'inconvénients. Mais la pile à liquide libre ou immobilisé n'est pas non plus sans défauts, et c'est sans doute pourquoi les constructeurs tendent de plus en plus à se passer des unes comme des autres en leur préférant un générateur mécanique d'électricité, magnéto ou dynamo.

Il existe cependant des systèmes d'accumulateurs d'allumage très bien étudiés pour résister aux trépidations des voitures et conservant leur charge sans déperdition pendant un certain temps.

Nous pouvons citer parmi ceux-là, les types de Dinin, de Heinz, les accumulateurs de la Société Gramme, Dary, « Invicta », Hagen et Tudor, dont la capacité est assez élevée pour leur poids spécifique. Mais il ne faut oublier que ce genre d'appareils demande des soins d'entretien attentifs pour donner un résultat satisfaisant.

Fig. 3. — Accumulateur d'allumage.

Bobines d'induction. — Ces bobines sont des transformateurs qui ont pour effet d'élever la tension du courant fourni par les piles ou les accumulateurs aux dépens de l'intensité, de façon à développer une étincelle de haute tension, quoique aussi chaude que possible, aux pointes de la bougie d'allumage. Les constructeurs dont les marques sont les plus estimées, en raison du soin apporté au montage et à la qualité des matériaux sont MM. Bara et Pascault, Amoudruz, Mamy, Bassée-Michel, Lacoste et Blondeau.

Magnétos. — Les magnétos sont des machines

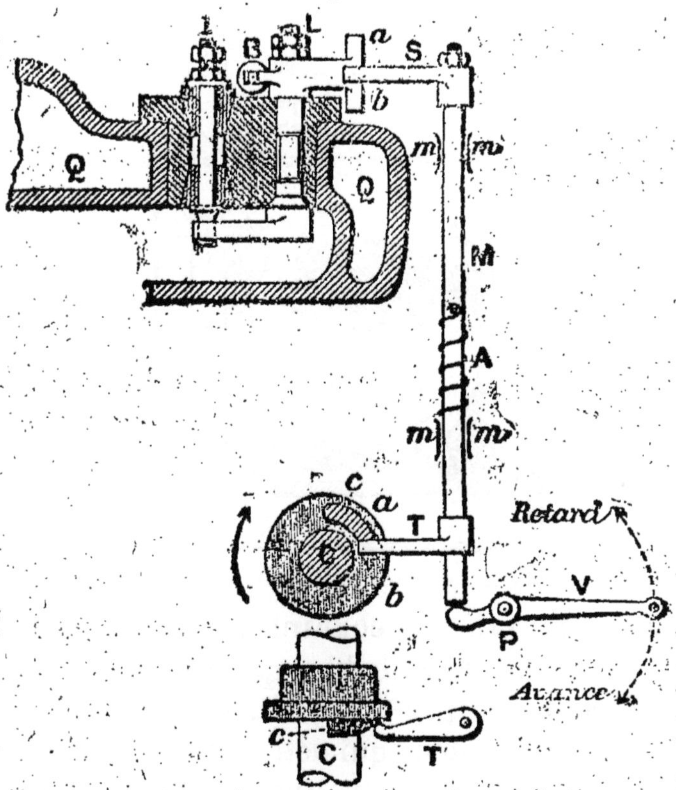

Fig. 4. — Schéma du fonctionnement de l'allumage dans les magnétos Simms, à rupture.

d'induction dans lesquelles le courant est produit par le mouvement d'une bobine recouverte
de fil et tournant entre les branches d'un aimant

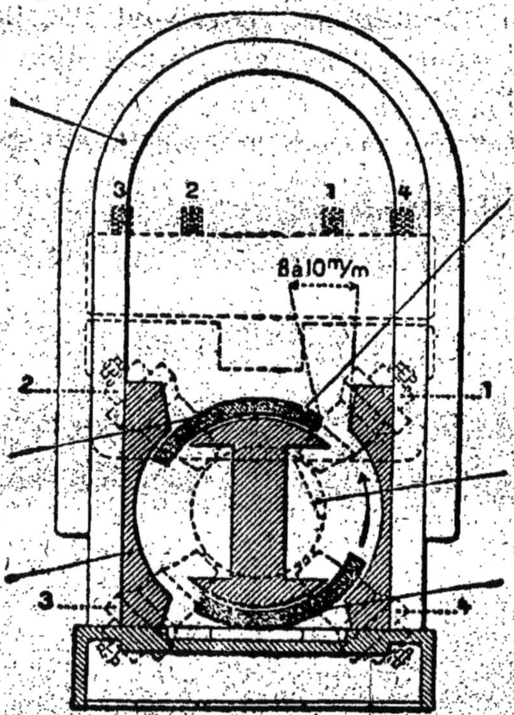

Fig. 5. — Magnétos Simms-Bosch, à volet tournant.

en fer à cheval. Le courant induit développé
dans les spires de la bobine qui est commandée
par un taquet ou par un galet, est conduit à la
bougie ou au rupteur qui détermine à l'instant
voulu l'éclatement de l'étincelle chargée d'en-
flammer le mélange tonnant comprimé dans la

hambre d'explosion. Les systèmes de magnétos les plus en faveur sont ceux de Simms-Bosch. Cette machine, mérite une courte description. Disons qu'elle est actionnée par mouvement rotatif. Un engrenage calé sur un arbre quelconque du moteur met l'induit en mouvement. Grâce au déplacement facultatif du champ magnétique, on peut donner au courant son maximum d'intensité, quand on déplace l'arbre des cames pour obtenir l'avance ou le retard à l'allumage. Une erreur de réglage des pignons de commande est donc sans aucune importance, en raison de ce dispositif. Le déplacement du champ magnétique s'obtient en intercalant un volet entre l'ancre et l'armature induite.

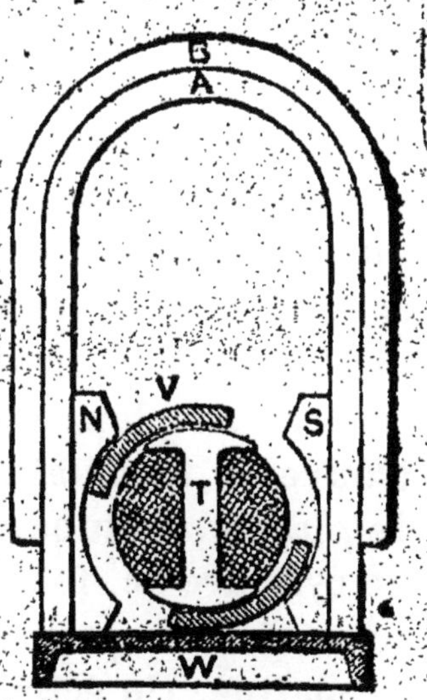

Fig. 6. — Magnéto Simms-Bosch pour motocyclette.

L'étincelle est donc toujours très nourrie et capable d'assurer l'inflammation immédiate du mélange carburé dans le cylindre. Il n'en est pas de même dans les autres systèmes, où les étincelles sont très faibles quand on met du retard à l'allumage, inconvénient qui

rend le départ et la mise en route difficiles et
pénibles.

Bougies. — L'étincelle produite par le courant
envoyé par l'accumulateur ou la pile et transfor-
mé par la bobine, ou plus simplement engendrée
par l'extra-courant de rupture développé dans
l'induit de la magnéto, vient jaillir à l'extrémité
d'une pièce métallique vissée dans la culasse du
moteur et qu'on appelle *bougie*. Dans sa forme
la plus simple, cette bougie se compose d'un
petit tube de porcelaine mesurant environ 8 cen-
timères de longueur, à l'intérieur duquel se
trouve un fil métallique terminée par une pointe
de platine. Ce tube est scellé avec du plâtre dans
un cylindre de fonte terminé par un pas de vis
sur la face duquel est soudée une autre pointe
de platine. Un écrou à six pans sert à visser ou
à dévisser la bougie sur son siège à l'aide d'une
clé anglaise, et une borne reçoit le fil conducteur venant de la bobine, fil qui se trouve maintenu et serré par une vis.

Le principal inconvénient de ce système provient de l'inégalité de dilatation de la porcelaine
et de la tige métallique centrale. Le joint étant
ordinairement composé d'un lut en plâtre, ces
inégalités démolissent rapidement le joint ; il se
produit par suite une fuite qui souffle l'étincelle
et empêche l'inflammation du mélange. De plus,

les différences d'allongement résultant de la température élevée, causent de fréquentes ruptures de la porcelaine et ces fissures, souvent invisibles à l'œil, sont la raison de ratés d'allumage et de pannes faisant le désespoir du chauffeur. Il est donc compréhensible que les constructeurs se soient efforcés d'améliorer ce dispositif et de supprimer ces défauts, en créant ainsi des modèles basés sur des principes plus rationnels. Les systèmes de bougies sont très nombreux ; nous nous bornons, faute de place, à décrire les plus intéressants et les plus nouveaux.

Bougie Macquaire. — Cette bougie se place au premier rang. Montée avec le plus grand soin, elle forme un tout homogène. Elle procure une certitude de fonctionnement ainsi qu'une robustesse sans égale.

Avec elle, plus de fuites ni de disjonction, le court-circuit, conséquence de l'encrassement

Fig. 7. — Bougie d'allumage type Debeauve-Olmi.

inévitable, se trouve supprimé, c'est une assurance absolue contre la panne de bougie ainsi que les ratés d'allumage.

Sa durée minima est de huit mois pour un travail journalier. Elle est démontable et ses organes sont interchangeables, les électrodes sont en nickel pur. Son prix modique la recommande tout spécialement aux chauffeurs. Enfin, elle se fait pour motocyclette et pour voitures au pas de 150 milimètres, 18 millimètres, 22 millimètres, 24 millimètres

Bougie Darop. — Cette bougie, analogue à la précédente comme principe, est supérieure à bien d'autres systèmes. Elle donne deux étincelles en même temps dans le cylindre, ce qui produit un allumage dont la puissance et l'étendue accroissent considérablement la force des moteurs et facilitent le démarrage. La bougie Darop est incassable, inencrassable, supprime le disrupteur, est démontable. Possédant deux chambres d'isolement, elle ne nécessite aucun réglage. Cette bougie est construite avec une très grande précision ; toutes les pièces sont interchangeables et soigneusement finies.

Allumeur électro-catalytique Wydis. — Ce dispositif présente une certaine originalité, car il permet de supprimer l'emploi de la bobine d'induction du trembleur et autres contacts périodiques, et simplifier notamment la construction de la bougie. Il utilise, en même temps que le courant électrique, les propriétés de catalyse, que présentent les métaux de la série platinique ; il suffit d'un seul élément d'accumulateur débitant de 0.06 à 0.08 ampère sous la tension de 2 à 2 v. 5, pour assurer l'incandescence de la spirale de platine qui produit l'inflammation du mélange carburé à l'intérieur du cylindre.

L'allumeur électro-catalytique affecte la forme d'un cylindre entièrement métallique ; il se visse sur la chambre d'explosion des moteurs à la place de la bougie ordinairement employée et il peut être employé pour les moteurs à plusieurs cylindres accouplant convenablement les spirales constituant l'organe inflammateur. Ce système a reçu d'assez nombreuses applications, mais il est maintenaut abandonné.

Allumeur J. M. — On s'explique mal que certains constructeurs, et non des moindres, s'obstinent à ne pas démordre de l'allumage par contact ou par trembleur, après les ennuis imputables à ces deux systèmes ; les caprices du trembleur, notamment, ses fréquents ratés auraient dû depuis longtemps le cantonner dans les appareils d'électricité médicale, au lieu de le faire utiliser par un mécanisme de force où les

causes d'encrassage et le réglage difficile rendent
son emploi par trop sujet à caution, la moindre

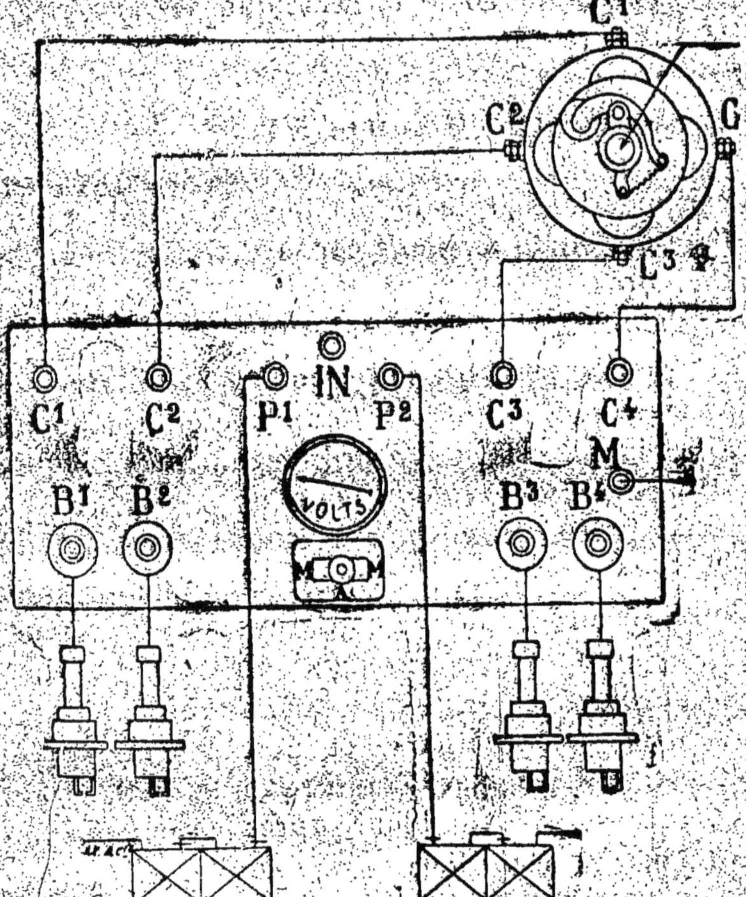

Fig. 8. — Montage de la canalisation électrique pour
l'allumage dans un moteur à quatre cylindres.

trace d'huile ou de graisse suffisant à l'arrêter net
et à amener la panne malencontreuse. Quant à

l'allumage par contact, il est certes plus vigou-
reux, et, tranchons le mot, plus *logique*. Toutefois, il ne faut pas oublier que l'huile ou les matières impalpables forment, sur le passage de
l'étincelle des dépôts charbonneux pouvant
arrêter le fonctionnement ; c'est d'ailleurs généralement ce qui arrive, et le chauffeur, après
avoir successivement interrogé toutes les parties
d'un mécanisme en panne, s'avise de démonter
et de nettoyer son allumage, cause initiale de cet
ennui.

Cet allumeur, créé et fabriqué par les ateliers
Jacquet-Maurel, de Neuilly, est basé sur le principe dit par frottement, le plus ancien de tous,
et certainement le meilleur au point de vue électrique et mécanique. Composé de pièces mas-
sives, à l'exclusion de toute organe délicat, il
offre une solidité remarquable. Sa construction
est simple ; il se compose d'un culot en fibrine
formant bâti, et d'une couronne de même matière, fixée au culot par quatre vis. A l'intérieur
de cette sorte de boîte, sont disposées des touches
métalliques reliées à des bornes extérieures dont
le nombre, comme celui des touches, peut varier
avec le nombre des cylindres. C'est au centre de
ce vide circulaire que tourne un came, de forme
spéciale portant un petit obus maintenu en des-
sous par un ressort, qui fait contact par friction

chaque fois que le mouvement de la came l'amène sur une touche métallique. Il serait superflu d'insister sur les avantages de ce système, avantages qu'on peut toutefois résumer en quelques mots : suppression du réglage, du trembleur et des fameuses *vis platinées*, suppression totale des causes de ratés, indifférence à l'encrassage, démontage facile et rapide, etc.

Ce petit allumage fonctionnant dans un bain d'huile donne un résultat parfait (huilez souvent). La seule cause d'arrêt est pour lui l'usure lente des pièces de frottement, usure causée plutôt par l'étincelle que par la friction des surfaces ; or, ces pièces sont en acier, coûte peu de chose et peuvent être interchangées en un tour de main. La dépense d'électricité n'est pas plus considérable qu'avec les autres systèmes ; toutefois, il faut avoir le soin en arrêtant, de couper le courant sous peine de voir l'accumulateur ou la pile se vider de toute énergie ; il peut arriver en effet que le petit obus s'arrête précisément sur une touche établissant ainsi un contact permanent ; cette précaution, on le voit, est des plus essentielles.

Dispositif d'avance à l'allumage à contacts par frottement. — Cet appareil se place sur le panneau de la voiture et fonctionne par une chaîne, il se trouve donc constamment sous les

yeux du chauffeur qui peut ainsi à tout moment
en vérifier le fonctionnement. Les fils de canalisation sont cachés sous le capot et les bornes
d'attaches fixes, ce qui évite le cisaillement des

Fig. 9. — Dispositif d'allumage à contacts tournants.

fils ; la commande d'avance à l'allumage se
fait aussi sous le capot par deux câbles d'acier
qu'un système de tension très simple permet de
régler facilement.

Dans cet appareil, il n'existe pas de frottement sur la matière isolante, frottement qui
entraîne toujours un dépôt métallique nuisible à
l'interruption du courant. Le contact a lieu par
des plots en bronze phosphoreux sur lesquels

vient frotter une touche en acier montée sur une lame de ressort, limitée dans sa courre par une butée. L'attaque et la rupture sont ainsi extrêmement nettes, ce qui donne au moteur son maximum de rendement et de régularité de marche. Cet appareil est de construction soignée et robuste.

Un autre type d'allumeur est basé sur le même principe que le précédent, mais il est beaucoup plus léger, plus petit et plus simple. Il se monte directement sur l'axe des cames du moteur, l'avance à l'allumage s'obtient par le déplacement de l'appareil sur son axe (1).

Nous arrêterons ici la description des appareils d'allumage, dont le fonctionnement est maintenant connu, pour arriver à l'examen de la partie mécanique des automobiles.

---

(1) Voyez, pour plus de détails, mon ouvrage *l'Electricité dans l'Automobile*, Desforges, éditeur.

CHAPITRE V

Les Châssis d'Automobiles

TRANSMISSIONS, CHANGEMENTS DE VITESSE, DIRECTION, FREINS. — ROUES ET BANDAGES. — LA CARROSSERIE.

Les constructeurs d'automobiles, ont pris l'excellente habitude de soumettre maintenant au public la carcasse de leurs mécaniques, débarrassée de tout accessoire. L'acheteur peut ainsi se rendre compte de la qualité des matériaux entrant dans la composition de cette carcasse, et il peut y faire poser ensuite le genre de carrosserie qui a sa préférence.

La partie mécanique d'une automobile se compose donc donc d'un *châssis* en métal ou en bois armé, sur lequel est installé le moteur avec ses accessoires indispensables : carburateur, appareillage électrique pour l'allumage du mélange, pompe et radiateurs pour le refroidissement des cylindres, réservoirs pour l'eau, l'essence et l'huile de graissage.

Ce châssis est pourvu de quatre roues, dont les deux d'avant sont directrices et montées sur pivots. Les deux roues d'arrière sont montées sur un essieu en deux parties reliées par un jeu d'engrenages, enfermé à l'intérieur d'un carter étanche, et qui laisse toute indépendance aux roues, bien qu'elles soient commandées par le moteur. Ce train d'engrenages est appelé le *différentiel*.

Le moteur à pétrole, pour donner un rendement satisfaisant, doit constamment tourner à la vitesse de régime que le constructeur lui a imposée. Mais, comme il est impossible que le véhicule ait une vitesse uniforme de progression, son allure résultant du profil de la route parcourue, de l'état du sol et de mille autres circonstances encore, on est forcé d'interposer, entre le moteur donnant toujours le même nombre de tours par minute et l'essieu des roues qui doit tourner à des vitesses variant constamment, un dispositif fournissant le rapport le plus convenable entre l'arbre moteur et l'essieu. Ce dispositif est le *changement de vitesse*, harnais d'engrenages enfermé à l'intérieur d'un carter et permettant d'obtenir trois ou quatre rapports de vitesse différents.

La liaison entre la boîte du changement de vitesse et l'essieu, la transmission aux roues de l'effort développé par le moteur est assurée soit par des chaînes à maillons d'acier et des pignons dentés, soit par un arbre articulé à la Cardan et des engrenages. Les deux procédés ont leur partisans et sont employés par les constructeurs suivant leurs préférences personnelles.

Le mouvement de braquage de l'essieu d'avant est commandé par un secteur denté et une vis sans fin montée à l'extrémité d'une barre oblique pourvue à sa partie supérieure d'un volant en bois sur lequel agit le conducteur de la voiture pour tourner dans les virages. La direction doit être *irréversible* et d'une parfaite rigidité.

La partie mécanique est complétée par les *freins*, qui ont une importance toute particulière en matière d'automobilisme, en raison de la vitesse de ce genre de véhicules et de la quantité considérable de force vive que ces freins ont à absorber en un temps très court pour déterminer l'arrêt dans le moindre parcours possible.

Le *châssis* ainsi muni de son *moteur* avec tous ses accessoires, de la *transmission* avec le *changement de vitesse* indispensable, de ses quatre *roues* avec la *direction*, le *différentiel* et les *freins*, il ne reste plus, pour compléter l'automobile, qu'à en ajuster la *caisse* avec sa *suspension* élastique, et garnir les roues de *bandages* encore plus élastiques pour lui donner toute la douceur de roulement réclamée pour la locomotion routière à grande vitesse.

Nous étudierons donc succinctement dans ce chapitre tous ces organes qui concourent à faire de la voiture mécanique la reine des routes, mais auparavant, pour bien montrer comment ces divers organes sont groupés, associés, agencés par les constructeurs les plus renommés, dans leurs plus récents modèles, il nous paraît utile de décrire, avant d'aller plus loin, quelques types d'automobiles considérés par les personnes les plus compétentes comme les plus perfectionnées qui aient vu le jour, et qui méritent toute l'attention en raison des soins apportés dans leur fabrication.

Automobiles Darracq. — Les derniers types étudiés par les ateliers de Suresnes possèdent des moteurs de 15, 16 et 28 chevaux ; le premier à cylindre unique, les autres à quatre cylindres. Le régulateur automatique agissant sur l'admission des gaz carburés est contrôlé par une pédale et une manette, cette dernière placée sur le volant de direction.

Tous ces modèles sont à allumage électrique par bobine et bougie. La 28 chevaux possède un second allumage par magnéto avec rupture dans l'intérieur des cylindres. Changement de vitesse par train balladeur donnant trois vitesses et une marche arrière commandée par le même levier grande vitesse en prise directe. Les trois modèles comportent un manchon amortisseur entre le moteur et le changement de vitesse permettant d'embrayer progressivement, c'est-à-dire de démarrer avec une grande douceur.

Les châssis sont dits : *châssis cuirassés*, en tôle d'acier emboutie d'une seule pièce, système « Darracq-Arbel ». Ces châssis sont rétreints à l'avant en vue des virages courts et relevés et rétreints à l'arrière pour permettre l'établissement de voitures extra-basses et, par conséquent, excessivement stables. En effet, grâce à ce dispositif nouveau, le dessus du châssis n'est qu'à 55 centimètres du sol. La cuirasse qui est formée par le châssis protège tous les organes de la voiture contre l'eau, la boue et la poussière.

Les freins extensibles, intérieurs aux tambours, sont placés sur la transmission et aux roues motrices. Leur serrage est très énergique et mathématiquement égal en avant et en arrière.

Le modèle 12 chevaux est muni d'un bloc radiateur perfectionné, à ailettes. Les 15 et 28 chevaux ont un radiateur réservoir, type nids d'abeilles, à grandes surfaces de refroidissement, avec ventilateur à grande vitesse. La direction est irreversible, réglable et à transmission axiale.

Tous ces modèles se construisent aussi sur châssis extra-longs, permettant l'établissement de carrosseries de grand luxe, telles que coupés, limousines, cabs, doubles-phaétons ; tous ces modèles avec entrée latérale.

Ces châssis extra-longs sont montés à l'arrière sur un cinquième ressort transversal, assurant une idéale souplesse de suspension.

Automobiles Delahaye. — Modèle à quatre cylindres. Le châssis type 13, spécialement établi pour grosses voitures pouvant atteindre jusqu'à 3 m. 40 d'empattement, est à longerons rétrécis à l'avant pour faciliter le braquage des roues de direction. La description du type précédent peut s'y adapter tout entière en tenant compte du renforcement de tous les organes, essieux, ressorts, mécanisme de direction, etc., etc., et principalement du différentiel étudié pour l'effort en rapport avec l'importance du véhicule.

Un dispositif spécial permet d'adapter directement sur le moteur une dynamo et un ventilateur commandés par une courroie à l'aide d'une poulie disposée à cet effet sur l'extrémité avant de l'arbre manivelle. L'axe de la poulie commandée est monté sur un excentrique à l'aide duquel le réglage de la tension de la courroie peut toujours être assuré. Le ventilateur se trouve ainsi disposé immédiatement derrière le radiateur dont il améliore considérablement l'efficacité.

La dynamo, munie d'un dispositif d'entraînement régulateur, tourne à vitesse constante, quelle que soit la vitesse du moteur, de telle sorte que l'accumulateur, bien que toujours entretenu en charge, n'a plus à intervenir qu'en cas de secours, la vitesse de la dynamo suffisant même pour l'allumage à la mise en marche du moteur. Cependant, un rupteur automatique est de plus prévu sur la dynamo pour éviter tout retour de courant de l'accumulateur.

Voitures Renault. — Les plus récents modèles créés par ces constructeurs renommés sont pourvus de moteurs de 7 chevaux à un seul cylindre, 10 chevaux 2 cylindres, et 14 chevaux à 4 cylindres.

Le premier présente les particularités suivantes : Il est muni d'un ralentisseur sur l'admission, dont le dispositif spécial breveté permet la tension plus ou moins grande du ressort de la soupape, et aussi une variation d'allure considérable et une grande souplesse. En outre, ce moteur est muni d'un régulateur centrifuge agissant sur un boisseau du carburateur.

La carburation ne se trouve pas déréglée lorsque le régulateur agit, car un boisseau agit en même temps sur la quantité du mélange et sur l'air additionnel.

Ce même moteur 7 HP est encore muni d'un graissage mécanique, le graisseur placé sur le tablier étant commandé par une biellette actionnée par le moteur lui-même.

Le moteur 10 chevaux offre quelques perfectionnements sur le modèle 1905. Les soupapes d'admission sont placées sur la partie supérieure des cylindres, de même les bougies sont verticales sur le sommet des cylindres, ce qui les rend parfaitement accessibles. De plus, les soupapes d'échappement deviennent d'un démontage rapide, étant donné qu'on n'est plus obligé de procéder au démontage préalable des soupapes d'admission. Il suffit de démonter les deux bouchons qui sont placés sur la culasse pour pouvoir les atteindre. Le dispositif de tension de soupapes d'admission qui a donné les meilleurs résultats est conservé.

Quelques modifications ont été apportées à la disposition du carburateur, mais sans changer le principe, permettant un accès plus facile et un démontage plus rapide des pièces qui le compose. Le châssis 2 cylindres possède une direction irréversible, à pignons d'angles et à vis sans fin.

L'allumage se produit par accumulateurs et bobines à trembleurs. Un distributeur à frotteur envoie le courant à la bobine. Le châssis pour 4 cylindres est muni d'un moteur 14 chevaux, ayant un dispositif spécial breveté pour la levée progressive des soupapes d'admission. Le carburateur, qui est du même type que dans le 2 cylindres, possède les mêmes perfectionnements.

L'allumage du moteur 4 cylindres se fait par accumulateurs et bobines à trembleurs; il est très simple, car il n'y a que deux bobinages, et par conséquent deux trembleurs au lieu de quatre, et le distributeur à frotteur est simplifié et perfectionné, la came se démontant à la main et sans l'aide d'aucune clef. Le changement de vitesse qui, jusqu'à ce jour, était commandé par un secteur placé dans un carter appelé mandoline, et séparé du carter du changement de vitesse, possède maintenant sa commande et son secteur à l'intérieur même de son carter. Il en résulte une amélioration au point de vue montage et démontage, et une facilité de visite de tous les organes en même temps. En outre, la manœuvre du changement de vitesse se trouve de ce fait d'une douceur extraordinaire.

Cette modification au changement de vitesse que nous venons de signaler pour le 4 cylindres, s'applique également aux modèles 2 cylindres et 4 cylindre.

Voitures Mercédès. — Ces voitures, construites dans les célèbres ateliers de Cannstadt, ont fait beaucoup parler d'elles en raison des qualités qu'elles présentent, et nous devons leur consacrer une brève description.

Moteur à soupapes d'admission commandées mécaniquement, donnant au moteur une régularité et une souplesse extrêmes. Carburateur contrôlé par une manette sur le volant de direction permettant le réglage immédiat des gaz et de l'allure du moteur; l'action de ce contrôle est très précise et permet de faire varier la vitesse de rotation du moteur de 150 et 1.500 tours à la minute, ce qui permet de varier très sensiblement l'allure de la voiture sans changer de vitesse; on peut, par exemple, avec une 60 chevaux, aller de 5 à 75 kilomètres à l'heure en troisième vitesse, en réglant simplement l'admission des gaz, sans toucher au levier de changement de vitesse. La consommation est proportionnelle à l'allure, exactement comme avec la vapeur, donnant aussi une souplesse extrême et une absence absolue de trépidations et d'à-coups. L'embrayage est entièrement métallique, baignant dans l'huile, ce qui lui donne une douceur incomparable et supprime toute usure; l'allumage s'effectue par magnéto indéréglable, le refroidissement par un « nid d'abeille » contenant en tout 10 litres d'eau, supprimant tous réservoirs avec le concours d'un ventilateur venu dans la fonte du volant; cet ensemble supprime toute possibilité d'échauffement du moteur, ce qui permet aux Mercédès de circuler même avec des moteurs de 60 chevaux, à une allure de 5 à 6 kilomètres à l'heure dans les passages les plus difficiles, sans jamais chauffer.

Le châssis est d'un seul morceau en tôle d'acier au nickel, embouti d'une rigidité à toute épreuve, incassable et indéformable. Les freins sont également entièrement métalliques, très larges et d'une action énergique bien connue et appréciée; les leviers de commande de ces freins sont en acier estampé à nervures, extra rigides et absolument indéformables. Ils sont au nombre de trois : un sur le différentiel, un sur l'arbre de changement de vitesse et un sur les deux roues arrière; ce dernier, grâce à un appareil spécial des plus ingénieux, est absolument inréglable, quel que soit l'état des chaînes; le frein sur les roues arrière est enfermé dans un carton à l'abri de la poussière. Ces freins sont tous munis d'une circulation d'eau afin d'éviter tout échauffement dans les pays montagneux.

L'arbre du différentiel est muni d'un dispositif très simple avec lequel on peut caler un côté du différentiel en deux minutes, ce qui est précieux en cas de rupture d'une chaîne. Le graissage est opéré automatiquement, par pression fournie par l'échappement du moteur; tous les coussinets de frottement sont pourvus de roulements à billes d'un système ayant fait toutes ses preuves de façon indiscutable pendant deux années. Aucune des nombreuses voitures munies de ces roulements à billes n'a occasionné d'ennuis; les réservoirs d'essence, d'huile et d'eau pour les freins se trouvent dans le châssis et sous une pression de trois atmosphères, pression maintenue par l'échappement du moteur et qui fait aussi une distribution automatique indéréglable; enfin, la direction est très souple, rigide et irréversible.

Les derniers types offerts au public sont les suivants :

28 32 chevaux, châssis de 2 m. 20 à 2 m. 80 (ces derniers pour entrées latérales);

40 chevaux, châssis de 2 m. 20 à 2 m. 80 (ces derniers pour entrées latérales);

60 chevaux, châssis de 2 m. 10 et 2 m. 20.

Ces quatre modèles sont des véritables voitures de touristes pouvant affronter les routes les plus mauvaises avec leurs châssis longs, leurs essieux renforcés et leurs ressorts très allongés et très souples.

Voitures légères G. Richard-Brasier. — Ces

voitures sont caractérisées par les points suivants : Châssis en tôle emboutie permettant l'a-

Fig. 10. — Voiture Richard-Brasier.

doption de carrosseries à entrée latérale (sauf
pour le type de 8 chevaux). Soupapes d'admis-

sion et d'échappement commandées mécaniquement. Allumage par magnéto, système Brasier. Régulateur d'une grande sensibilité sur l'admission. Vitesse et marche arrière par levier unique. Freins à serrage intérieur par mâchoires. Graissage automatique. Radiateur à thermosiphon forme nid d'abeille avec ventilateur. Suppression de la pompe. Double cardan entre le moteur et la boîte des vitesses et transmission par cardan pour les types 8, 12, 16 et 24 chevaux et par chaîne pour le type 40 chevaux.

Gillet-Forest. — Ces voitures sont caractérisées par leur moteur qui, à l'encontre de l'opinion généralement admise, affecte la disposition horizontale, qui donne, paraît-il, des résultats avantageux, au moins tant que la puissance développée ne dépasse pas 12 chevaux.

La marque Gillet-Forest a su se faire apprécier par les motoristes depuis six ans, et les nombreuses récompenses qu'elle a remportées dans divers concours auxquels elle a pris part fournissent la preuve du soin apporté dans l'agencement de ses divers modèles, remarquables surtout par leur fonctionnement économique.

Ader. — Les châssis Ader, en tubes d'acier armés ou en tôle d'acier emboutie pour les types 18 et 24 chevaux, sont d'une remarquable solidité, on peut même dire indéformables. Ils re-

çoivent des moteurs Ader de 9 ou 12 chevaux à
deux cylindres, de 15, 18 ou 24 chevaux à quatre
cylindres disposés en V ou verticalement, suivant les modèles. Les moteurs Ader sont avan-
tageusement connus et présentent l'avantage
d'une haute régularité de marche ; dans la première étape de Paris-Madrid, sur sept partants,
il y eut sept arrivés dans un temps très remarquable. Les châssis peuvent recevoir toutes les
formes de carrosserie : tonneau, landaulet, limou-
sine, cab, double-phaéton, etc., et comportent
tous les perfectionnements suggérés à l'inventeur
par une longue expérience.

Cottereau. — Ces voitures, à moteurs à trois
cylindres, possèdent plusieurs détails réellement
originaux et pratiques qui font d'elles des machines robustes, où les trépidations se trouvent
presque complètement annulées par suite de la
succession des phares dans le cycle du fonctionnement. Ces avantages ont d'ailleurs été appréciés par les connaisseurs, et les voitures Cottereau
ont acquis en peu d'années un juste renom auprès des amateurs de véhicules de durée.

Nous pourrions continuer encore longtemps
ces descriptions des véhicules nouveaux, mais
le peu de place dont nous disposons dans cette
Collection nous oblige à nous limiter, sans quoi
nous parlerions encore des automobiles sortant

des ateliers de Panhard-Levassor, Mors, Clément (marque Bayard), Bardon, Barré de Niort, Rochet-Schneider, Eug. Brillié, Hotchkiss, parmi les marques françaises les plus justement renommées.

Passons donc rapidement en revue les divers organes dont l'examen doit être fait dans ce chapitre, et, en premier lieu, le bandage des roues.

Les roues des automobiles sont à rais et jantes de bois, les rayons en acier tendent à être de plus en plus délaissés. Certains constructeurs ont préconisé la forme de roues coniques employées dans l'artillerie, avec moyeu de bronze serré au moyen d'écrous. Le genre de bandage le plus employé est toujours le pneumatique, bien qu'on puisse reprocher de nombreux inconvénients à ce système, dont l'élasticité et la souplesse n'ont toutefois pu être égalées par aucun autre dispositif. Le bandage plein conserve cependant encore des partisans, mais pour des applications déterminées.

Le pneumatique se compose de deux pièces : une *chambre à air* en caoutchouc souple, pourvue d'une valve à soupape, et d'une *enveloppe* en gomme renforcée par des toiles solides et munie de bourrelets ou talons s'engageant dans le rebord de la jante. Des écrous maintiennent les talons et empêchent tout glissement de l'enveloppe, qui enserre et maintient la chambre à air que l'on gonfle d'air jusqu'à une pression de 6 kilos environ, à l'aide d'une pompe à main.

De grands efforts ont été faits pour parer à la à la fragilité du caoutchouc et éviter les perforations et les éclatements pouvant survenir à la suite d'un effort excessif dans un virage, ou un freinage, par exemple. On a recouvert les enveloppes d'un protecteur en cuir, avec lamelles métalliques; on a remplacé la chambre à air par des chapelets d'anneaux intérieurs, mais, en réalité, la véritable solution pratique n'a pas été donnée, et, pour notre part, nous préférons encore le vieux système de *bibendum* en caoutchouc de première qualité avec enveloppes renforcées, qui donnent le maximum de souplesse et le roulement le plus doux.

La question des *antidérapants* a été également sérieusement fouillée par de nombreux chercheurs, et il existe des moyens efficaces d'empêcher les glissements de côté sur le pavé gras et les chaussées mouillées. Les protecteurs ferrés de Edline-Gallus, les pneus cuir de Sanson et de Clerget, l'antidérapant « Sanglier », les pneus à cardes de Cudey, et les chaînettes de Parsons fournissent d'excellents moyens de résister au dérapage.

Suspension. — La présence des ressorts de suspension est nécessaire, même avec des roues à bandages pneumatiques, parce que le rôle de ces ressorts est tout différent de celui que les pneus sont appelés à remplir.

Ceux-ci évitent à la voiture les petites vibrations provenant des obstacles de faible hauteur rencontrés sur la route, graviers, pierres, rails de tramways, qui peuvent s'encastrer dans le caoutchouc, sans que la hauteur des essieux s'en trouve sensiblement modifiée. Ces trépidations, il est facile d'en faire l'expérience, seraient presque intégralement transmises par les ressorts au châssis : elles seraient désagréables pour les voyageurs et ne manqueraient pas de fatiguer beaucoup le moteur, qui serait sujet à de fréquentes ruptures de pièces.

En revanche, le pneu, dont le fléchissement ne dépasse guère 3, serait impuissant à atténuer les grandes vibrations provenant de la traversée d'une ornière profonde, d'un caniveau.... Les ressorts, au contraire, avec leur fléchissement de 10 et plus, sont tout indiqués pour remplir ce but.

La Société industrielle des Téléphones a adopté pour ses voitures légères du système Ader un ressort de suspension, qui pourrait être représenté schématiquement par un triangle isocèle

dont la base servirait d'essieu aux roues d'avant,
le triangle pivotant autour de sa hauteur, et les
points fixes de ce triangle (sommet et milieu de
la base) étant reliés au cadre. Cette disposition
a pour principal avantage de permettre à la partie avant du cadre de se maintenir toujours horizontale.

MM. Charon, Girardot et Voigt emploient 5 ressorts, 4 disposés comme d'habitude, le 5e placé
transversalement à l'arrière.

Les ressorts déprimés sous l'effet des obstacles
que la voiture rencontre sur sa route, et qui, par
cette dépression même, atténuent les chocs pour
la partie du véhicule placée au-dessus d'eux,
ont, il est permis de le dire, les défauts de leurs
qualités! Ainsi dérangés de leur position d'équi-
libre, ils ne la reprennent qu'après avoir effectué
autour d'elle des oscillations lentement décrois-
santes, oscillations parasites qu'il y a tout intérêt à épargner au véhicule : l'un de leurs principaux inconvénients, qui s'aggrave beaucoup aux
allures de course, est de rompre souvent le contact de la voiture avec le sol et de diminuer ainsi
l'adhérence, par suite, l'effet utile du moteur.

M. Truffault a fait le premier breveter un ressort freiné, qui, après avoir cédé sous l'action
d'un obstacle quelconque, reprend sa forme sans
trépider. Il avait essayé un freinage de ce genre

sur le quadricycle de course, que pilota avec succès son fils dans la course du kilomètre à Deauville en 1901 : ce freinage avait donné de très bons résultats, permettant de passer sur les plus mauvais pavés à allure rapide sans qu'on eût besoin de tenir sa direction. Un freinage analogue avait certainement aidé Rigal à établir, en 1901, sur un tricycle Buchet, de retentissants records.

La course Paris-Vienne a fourni l'occasion de voir les ressorts freinés appliqués à des voitures : celles de la maison Mors étaient munies d'amortisseurs, se composant chacun d'une boîte de fonte cylindrique solidaire du châssis, dans laquelle un piston, dont la tige était reliée au ressort, comprimait de l'air lorsqu'il s'y enfonçait sous l'action d'un choc. Six amortisseurs semblables étaient disposés sur chaque voiture, un de chaque côté sur le ressort d'avant, deux sur le ressort d'arrière. Il faut s'attendre à voir le freinage des ressorts se développer, tout au moins pour les voitures très rapides.

Les freins. — Un organe qui doit être l'objet de toute l'attention du constructeur et du conducteur d'automobiles, est le frein. Les règlements de police exigent la présence de *trois* freins indépendants sur les véhicules à traction mécanique. L'imagination des mécaniciens s'est donc donné libre carrière pour combiner des appareils puissants et capables d'arrêter en un temps et sur un espace très courts une automobile marchant à bonne allure. Le problème n'est pas des plus aisés à résoudre, et un petit calcul que nous empruntons à M. Hospitalier nous montrera la difficulté d'arrêter un véhicule de course lancé à 120 kilomètres à l'heure.

Admettons, pour la voiture de course, le poids réglementaire d'une tonne ; à la vitesse de 34 mètres par seconde, elle constitue un véritable projectile avec une puissance vive de 57.800 kilogrammètres, à laquelle il convient d'ajouter celle de ses quatre roues en rotation, soit au minimum un total de 60.000 kilogrammètres.

M. Hospitalier constate que cette force vive représente celle qu'emmagasinerait la voiture en tombant de 60 mètres, soit du haut des tours de Notre-Dame, ou la moitié de celle que possède tout un train du Métropolitain lancé à sa plus grande vitesse de 34,2 kilomètres par heure (9,5 mètres par seconde).

C'est cette formidable quantité d'énergie, acquise progressivement pendant la période d'accélération, qu'il faut faire absorber le plus vite possible par le freinage.

Celui qui a été expérimenté en Amérique correspond, en moyenne, à un effort de 250 kilos par tonne, soit en l'espèce à 125 kilos appliqués à la jante de chacune des deux roues motrices. Cela représente, pendant les premiers instants du freinage, une puissance retardatrice de $250 \times 34 = 5.800$ kilogrammètres, soit 77 chevaux. Nous sommes loin des 60.000 kilogrammètres qu'il faut absorber !

Ces chiffres mettent en relief les efforts demandés à la matière, notamment aux pneus et l'impossibilité des freins actuels de concilier la sécurité avec l'allure des voitures de course. Il faut donc souhaiter qu'on augmente leur efficacité.

Les systèmes de freins pour véhicules mécaniques sont nombreux.

Au nombre des plus appréciés, il faut placer les divers types de freins sur jante, dont le *Bowden* et le *Lemoine* sont les plus connus. Mais il convient de citer également le frein à tambour garni de cuir, dont l'action est également des plus énergiques, et dont le modèle *Lehut* est le plus apprécié. Le *frein Noël* à ruban métallique sur moyeu s'applique sur toutes les machines sans aucune modification ; le *frein Garrier* est un frein sur jante extrêmement puissant et qui est applicable, comme le précédent, aux bicyclettes, tris porteurs, motocyclettes et autres véhicules avec ou sans machine motrice.

Réfrigérants. — Il est indispensable, comme on sait, d'assurer le refroidissement des parois des moteurs à explosions qui ne tarderaient pas, autrement, à être portées au rouge par la chaleur développée par les déflagrations successives de l'air carburé, chaleur non transformée en travail. Pour les petits moteurs jusqu'à trois chevaux, une série d'ailettes, venue de fonte avec le cylindre suffit, mais au-dessus de cette force, il faut entourer le cylindre d'une chemise de métal dans laquelle on fait passer un courant d'eau qui ne tarde pas à être portée à l'ébullition.

Pour ne pas consommer des quantités invraisemblables d'eau, il est nécessaire de la refroidir en lui enlevant les calories surabondantes qu'elle entraîne. On y parvient en faisant circuler cette eau dans une série de tubes garnis d'ailettes très rapprochées et exposées à l'air à l'avant de la voiture. Une pompe centrifuge, commandée par une petite transmission à engrenages ou par friction, oblige cette eau à circuler dans le réseau des tuyaux à ailettes ou radiateurs avant de revenir au réservoir alimentant les moteurs.

Le courant d'air résultant de la vitesse de marche du véhicule étant insuffisant pour amener le refroidissement pour les gros moteurs, on a donné aux radiateurs où circule l'eau, la forme de cellules rapprochées, d'alvéoles ou de nids d'abeilles, suivant le terme employé. Un courant d'air violent, produit par un ventilateur à palettes hélicoïdales ou radiales tournant devant le radiateur, permet d'obtenir une réfrigération beaucoup plus énergique, de telle façon qu'une très petite quantité d'eau suffit maintenant pour maintenir les cylindres à une température normale permettant un bon graissage des pistons.

Carrosserie. — Le *partinium*, qui est maintenant employé pour la confection de beaucoup de caisses, est un alliage d'aluminium (de densité 2,56) et de tungstène (de densité 8), en proportions telles qu'une fois laminé il a une densité de 3 environ. Il offre à la traction une résistance de 32 à 37 kilos par millimètre carré et un allongement de 6 à 8 0/0. Il peut remplacer non seulement le bois, mais le zinc, le cuivre, même la fonte, mais jamais le fer ni l'acier. Pour la confection des caisses, il est employé sous forme de tôles et de cornières, assemblées en général par des rivets de cuivre. Voici au demeurant comment il est mis en œuvre.

Une fois le plan de la caisse déterminé et les résistances, par suite des dimensions des diverses pièces calculées, on constitue le bâti avec des cornières assemblées par des équerres en tôle rivées ou goussets. Sur la carcasse ainsi établie, on rive les panneaux en tôle de 1 mm à 1,5 mm d'épaisseur (parfois de 0,4 mm pour les voitures de course qui reçoivent même de la tôle de partinium perforée) : on a le soin de cacher les rivets par des moulures en partinium étiré, qui dessinent les arêtes de la caisse.

Les panneaux ainsi employés sont plats ou cintrés ; ces derniers, après cintrage ou emboutissage, sont planés sur un marbre à froid. L'emboutissage et le planage demandent à être très bien faits, car c'est d'eux que dépend le lisse des panneaux et par suite l'égalité de la peinture : on n'ignore pas que la difficulté qu'on a à bien peindre le partinium constitue, avec le prix plus élevé de ce dernier, ses seules infériorités sur le bois.

Les panneaux mis en place, on procède au montage de la caisse, en la disposant sur les deux longerons en bois appelés semelles qui son' destinés à s'appliquer sur le châssis. Sur ces semelles on installe les feuilles mobiles du plancher. Sur le coffre, on boulonne les assises, c'est-à-dire pour un tonneau, la rotonde d'avant, puis les deux rotondes d'arrière.

La caisse passe alors à la forge pour recevoir ses ferrures, ses ailes, ses marchepieds, porte-lanternes.... Elle en sort finie en blanc, pour aller à l'atelier de peinture.

722

La peinture convenablement faite d'une caisse en partinium n'exige pas moins de 15 à 17 couches. Les premières, dites couches d'apprêt, ont pour but de recouvrir les panneaux d'une surface, dure comme la pierre et, que le ponçage transforme en marbre. C'est sur elle qu'on applique les couches de fond, puis les couches de teinte, enfin, un vernis.

Le garnissage d'une caisse en partinium offre ceci de particulier que les matelassures, avec leur couverture de peau, pégamoïd ou tissu, sont montées dans des cadres, qui sont simplement forcés dans les compartiments délimités par les cornières de la caisse. Les garnitures sont aussi démontables. Aussi les enlève-t-on avant de renvoyer la voiture à l'atelier de peinture, pour polir la première couche de vernis et donner une seconde couche, dans la chambre à vernir, maintenue toujours à une température constante.

Il n'y a plus qu'à faire la finition. On remonte la garniture, on installe les coffres, les leviers et les ferrures plaquées ou nickelés, les lanternes, les pièces de maroquinerie, les tapis... Le mécanicien remonte ses chaînes, ajuste ses roues et les graisse, vérifie les mouvements. Le laveur passe la voiture deux ou trois fois à l'eau froide. Le chauffeur peut monter sur son siège et mettre en route : tout est au point et l'automobile est achevée !

CHAPITRE VI

Les Motocycles

BICYCLETTES, TRICYCLES ET QUADRICYCLES A MOTEUR

On pourrait presque affirmer que l'automobilisme a commencé par le genre de véhicules classés sous le nom générique de motocycles. Les premières automobiles à vapeur de Serpollet, de Dion-Bouton-Trépardoux-Mérelle, de Roger de Montais, etc., les premières voitures à pétrole de Peugeot, de Daimler, les premières électromobiles de Magnus Volk, Trouvé, Pingault, etc., furent des tricycles ou des quadricycles, voire même des bicyclettes ou des tandems. Avant la grosse voiture à moteur de 400 chevaux on a eu des motocycles et des voiturettes légères.

Un moment la vogue a été aux tricycles flanqués ou non d'un avant-train ou d'une remorque, et ces machines donnaient d'assez bons résultats. Mais on ne tarda pas à trouver que les moteurs guides actionnaient étaient trop faibles et insuffisants pour fournir la vitesse rêvée : on les fit donc de plus en plus forts, et, au moteur simplement refroidis par des ailettes cerclant le cylindre, on substitua des moteurs à refroidissement mixte (culasse à eau). Puis, comme on trouvait pénible et désagréable, la nécessité de pousser le véhicule ou de pédaler pour démarrer, on adjoignit un débrayage et même un changement de vitesse, à ces véhicules dont la légèreté était la principale qualité, enfin on les compliqua et on les alourdit si bien de toutes les façons, que le tri ou le quadri devint une véritable guimbarde surchargée d'organes mécaniques et ne présentant à aucun degré, le confortable de la vraie voiture automobile. Et finalement cet engin, ainsi devenu hybride, fut abandonné pour une nouvelle venue, très discutée lors de son apparition, mais qui s'est victorieusement implantée depuis, je veux dire la motocyclette, dont le succès est assuré, si les constructeurs profitent de l'expérience acquise, et ne veulent pas en faire un monstre automobile, en lui imposant un moteur de 22 chevaux, — comme cela se fait pour les motocyclettes extra-rapides servant à l'entraînement et aux courses sur piste, — et en lui laissant sa qualité primordiale qui doit être la légèreté.

Le tricycle n'est donc presque plus en usage

maintenant, sinon sous la forme de moto-tricycle avec avant-train et roue motrice unique à
à l'arrière. Le quadricycle à avant-train a, lui,
conservé encore quelques partisans, mais c'est à
la motocyclette que va le gros de l'armée des
amateurs, dont la bourse un peu légère limite
forcément les appétits. Le moteur type courant,
normal, pourrait-on dire, de motocyclette, possède un cylindre dont la capacité est d'environ
un quart de litre. La consommation d'essence ne
dépasse pas 1 litre par 30 ou 35 kilomètres de
parcours, en raison du poids mort peu élevé représenté par le véhicule et ses accessoires. La
dépense est donc de 2 centimes environ par kilomètre pour une motocyclette ; elle est quelquefois supérieure à 1 franc pour la même distance
avec une automobile pourvue d'un moteur un
peu fort et brûlant son litre d'essence en deux
kilomètres à peine.

Donc, et pour nous résumer, disons que la
motocyclette est incontestablement la plus économique des automobiles. Pour deux personnes, la
meilleure solution est le quadri ou moto-tricycle,
avec moteur à refroidissement à eau et débrayage.
Un moteur de deux chevaux est grandement suffisant pour assurer la propulsion d'un homme
sur la route, et trois chevaux et demi sont assez
pour un léger véhicule à deux places modérément

chargé. L'excès en tout est un défaut et il faut savoir rester dans une sage moyenne, en automobile comme en tout, et c'est ce que ne comprennent pas tous les mécaniciens, car certains s'obstinent, malgré la leçon de l'expérience à affubler leurs motos de transmissions compliquées, de moteurs à refroidissement par eau, de débrayages et de toute la ferraille d'une automobile pour six personnes. Le résultat le plus clair et le plus certain, c'est que ces machines, où l'allègement a été poussé à l'extrême, ne présentent aucune sécurité quoiqu'elles soient fort lourdes et difficiles à démarrer. Ce sont des *outils à pannes* continuelles, dont les inconvénients sont tellement évidents, qu'ils ne tardent pas à dégoûter de la locomotion mécanique, les plus enragés disciples de ce mode de voyage. La *simplicité*, telle doit être la qualité fondamentale de tout motocycle.

Voici l'énonciation rapide des plus récents systèmes qui aient vu le jour et ont reçu la consécration de l'expérience, en même temps que les applications pratiques et prolongées :

Peugeot. — Modèle pourvu du moteur suisse Zedel, commandant par courroie plate la roue motrice suivant le dispositif classique. Lanfranchi et Cissac, montant la Peugeot, ont remporté de beaux succès. La fourche articulée dout elle est munie rend cette machine la plus pratique et la plus douce qui existe actuellement.

Griffon. — Machine donnant de bons résultats, bien que constituée (ainsi que beaucoup d'autres motocyclettes d'ailleurs) de pièces détachées de diverses provenances. Dispositions générales analogues aux précédentes.

Garreau. — Motocyclette pourvue d'un moteur de 6 chevaux, ce qui lui a permis d'escalader à l'allure de 100 kilomètres à l'heure la côte de Château-Thierry, où elle s'est classée première. Forme basse et robuste.

Garreau. — Le contraire de la précédente. Moteur amovible ne pesant que 5 kilogrammes pour une force de plus de 1 cheval. C'est un système aussi antique que la Werner, mais qui, à l'exemple de cette dernière, ne s'est pas amélioré malgré le temps.

Lamaudière. — Après un enfantement laborieux, la Lamaudière avait atteint sa forme définitive, cependant elle n'a eu qu'un médiocre succès, malgré son fonctionnement assez satisfaisant. Elle présente d'ailleurs un aspect assez lourd et disgracieux et le modèle 1905 n'est en rien supérieur à celui de 1903.

Brennabor. — Modèle construit à Brandenburg, en Allemagne. Moteur de 1 cheval trois quarts ou 2 chevaux un quart dans le pédalier.

transmission à courroie sur la roue arrière. Mise en route par pédales et chaîne. Disposition paraissant assez bonne. La « Brennabor », construit également des tandems mixtes (pour homme et dame), avec moteur disposé de la même manière, dans le cadre à la place d'arrière.

Stimula. — Les ateliers de la Grôsne (Saône-et-Loire) ont étudié un type de motocyclette à pétrole de 2 ou 3 chevaux, disposé à la base d'un cadre de forme particulière rappelant un U. Carburateur à pulvérisation et niveau constant modèle spécial, transmission par courroie.

Routière Bonnet et Jaccard. — Moteur de 2 ou 3 chevaux, disposé à la place du pédalier reporté en arrière, soupapes commandées. Ce modèle paraît présenter une grande stabilité. Il est construit en Suisse.

René Gillet. — Le petit moteur de 1 cheval et demi peut être alimenté à l'alcool comme à l'essence ; il est disposé dans le pédalier. Le poids total en charge n'atteint pas 40 kilogrammes. Ce modèle nouveau paraît bien construit.

Georgia Knap. — Ce système présente une disposition originale ; le moteur disposé sur la marche arrière attaque directement une roue dentée placée sur l'essieu de la roue. Le rendement à la jante est, paraît-il, notablement augmenté par ce mode de commande original. La motocyclette Knap a remporté plusieurs succès dans les épreuves sportives de 1903.

Rochet. — Le moteur de 74 d'alésage et 76 millimètres de course développe 2 chevaux un quart ; il est fixé au bas du cadre et commande la roue d'arrière par courroie. Elle est construite en matériaux de choix avec tout le soin apporté par les célèbres ateliers Rochet pour ses cycles et motos depuis longtemps appréciés.

Gobron-Minerva. — On peut adresser les mêmes éloges à la motocyclette modèle Gobron-Minerva, en raison du fin de sa fabrication. Le moteur mesure 76 millimètres d'alésage et de course et a ses deux soupapes commandées. Il est fixé à la partie inférieure du cadre et commande par courroie la roue d'arrière.

Bruneau. — Le type de 1904 ne présente pas de différence avec le modèle précédemment connu et remarqué en raison de l'embrayage et du mode de commande de la roue par chaîne.

Motosacoche. — Ce dispositif a été combiné dans le but de mettre les douceurs de l'automobilisme à la portée de la masse des cyclistes, et il faut reconnaître que MM. Dufaux fils ont donné une solution pratique, sinon élégante, du problème consistant à réunir en un seul bloc, aussi condensé que possible, tout un mécanisme moteur avec ses accessoires : piles, bobines, réservoirs, silencieux, etc. La Motosacoche se présente sous la forme d'une caisse quadrangulaire se logeant dans le cadre de toutes les bicyclettes, quelles que soient leurs dimensions; il sort de cette sorte de valise une poulie-galet sur laquelle passe la courroie de transmission actionnant la roue d'arrière. Le refroidissement est assuré par un courant d'air venant de la partie avant et circulant autour des ailettes horizontales du moteur. Les qualités de la motosacoche ont été mises en lumière à plusieurs reprises notamment dans l'épreuve de 1.000 kilomètres en novembre 1903, où elle a montré sa remarquable régularité de marche.

Herdtlé et Bruneau. — Le moteur de cette bicyclette automobile est réduit à sa plus simple expression, il ne pèse d'ailleurs que 4 kilogrammes, et c'est incontestablement celui qui présente au plus haut point la qualité essentielle que doit posséder une machine de ce genre : la simplicité.

Lurquin-Coudert. — Le moteur à une puissance de deux chevaux (un quart de litre à la cylindrée), et à refroidissement par ailettes. Les types plus forts, 2 chevaux 3/4, 4 à 5 chevaux possèdent le même procédé de refroidissement, que les constructeurs jugent suffisant et même supérieur au refroidissement par circulation d'eau. La transmission s'exécute par une courroie de section trapézoïdale qui donne, affirment MM. Lurquin et Coudert, le même rendement que les chaînes ou les engrenages, avec beaucoup moins d'ennuis pour le motocycliste. Quelle que soit la valeur de ces affirmations, il faut reconnaître que, dans les diverses épreuves auxquelles cette motocyclette a pris part, en 1902 et 1903, elle s'est presque toujours très honorablement classée.

Moto-Cardan. — Ce système, réellement ingénieux, mériterait une description particulière. Obligé de me tenir dans d'étroites limites, je me bornerai à dire que la Moto-Cardan se distingue de toutes les autres motocyclettes par la disposition du moteur, perpendiculaire au plan de la machine, et une transmission par engrenage d'angle à l'aide d'une barre pourvue de deux joints à la Cardan, sur laquelle est intercalé un mécanisme de débrayage progressif ou un changement de vitesse à friction. Le résultat est que toute la puissance du moteur est intégralement transmise presque sans perte à la roue motrice, et qu'il est possible de proportionner beaucoup mieux l'effort développé au profil de la route.

Motocyclettes « Aiglon ». — Ces bicyclettes, qui paraissent étudiées et construites avec soin et de bons matériaux, sont pourvues de moteurs « Mirus » de 2 chevaux et demi et de carburateurs Longuemare. Elles présentent les dispositions générales que l'expérience a rendues classiques, mais aucune originalité particulière.

Motocyclette « Magali », de Gentil. — Ce système est caractérisé par la réunion, dans une simple boîte de pédalier de bicyclette ordinaire, des divers organes d'une transmission équilibrée par roue dentée réceptrice et chaîne, laquelle transmet l'effort à la roue motrice du côté opposé, avec un encliquetage solidaire de l'arbre à manivelles. Ce mouvement résume tous les desiderata des motocyclistes, qui connaissent par expérience les inconvénients de tous les autres systèmes de transmission, et il permet, en raison de son haut rendement, d'employer des moteurs plus faibles, capables d'imprimer cependant à des machines pesant moins de 40 kilog., des vitesses de plus de 50 kilomètres à l'heure, et d'assurer l'ascension des côtes les plus dures sans presque ralentir.

J'arrêterai ici cette nomenclature que je pourrais encore étendre en donnant la description de la *Neckarsulm*, des modèles de Breuil, de Brousset, de H. Petit, de Bonnet et Jumel, de Lombard, dont le remarquable petit moteur est bien construit, de Gilmaire (l'*Ardennaise*), etc., etc.

Constatons simplement, en terminant, que la motocyclette, accueillie à son apparition par des manifestations de doute sur son avenir, a prouvé

depuis, et d'une façon éclatante, sa vitalité. Elle
a démontré sa raison d'être auprès des voitures
de toute catégorie, et, depuis lors, son succès s'est

Fig. 11. — Moteur Brousset, pour motocyclette.

victorieusement affirmé, ainsi que les précédentes
descriptions permettent de s'en convaincre. Le
trou est fait maintenant, et l'avenir est assuré désormais à ces petites mécaniques, filles de la reine
de la route, la bicyclette, et sœurs modestes des
dévoreuses de kilomètres aux puissants moteurs.

DEUXIÈME PARTIE

La Pratique

CHAPITRE VII

Outillage du chauffeur à l'atelier et sur la route

Du moment que l'on veut faire de l'automobile, et quel que soit le genre de véhicule employé : motocyclette, quadricycle, voiturette ou grosse voiture, il est indispensable d'organiser, dans une encoignure de la remise où l'auto est rangée, un atelier, au moins rudimentaire, dans lequel se trouvent, avec les matières premières nécessaires à l'entretien journalier de la machine, les outils permettant d'exécuter soi-même les petites réparations courantes au moteur et à la carrosserie. Voici donc la liste de ces divers objets :

I. — APPROVISIONNEMENT

3 ou 4 bidons de 5 litres d'essence à 680 ou 700° de densité (motonaphta, automobiline, motricine, benzo-moteur, ou autre).

2 Bidons d'huile minérale à graisser (oléonaphte, huile-vitesse ou autre).

1 Bidon de pétrole lampant ordinaire (à 800° de densité).

1 Boîte de graisse consistante de 5 kilos.

1 Flacon d'huile de lin pure de 1 litre pour la carrosserie.

1 Boîte de noir chevreau pour l'entretien des cuirs.

1 Réservoir à eau de pluie de 20 à 30 litres de capacité pour la réfrigération du moteur.

1 Boîte de 1 kilo de dissolution de caoutchouc.

Flacon de vernis noir à l'alcool et pinceau, boîte de pâte flamande, éponge, brosses, peau de chambois, papier et toile d'émeri, linges de toile, chiffons de coton, flacon d'eau acidulée au dixième (à 22° Baumé) pour les accumulateurs, boîte hermétiquement fermée contenant 5 kilog. de carbure de calcium pour les phares à acétylène.

II. — OUTILLAGE

Etabli scellé au mur.

Etau à agrafe ou à pied.

1 Éolipyle ou lampe à souder ou chalumeau.

1 Porte-foret à engrenages avec jeu de forets.

1 Vilebrequin et jeu de mèches.

1 Scie à bois et 1 scie à métaux.

2 Marteaux et un tas ou petite enclume, 1 maillet de bois.

1 Meule marchant à la main ou à la pédale.

1 Filière, assortiment de burins, ciseaux, bédane, tournevis, limes, etc.

1 Tiroir contenant écrous, rondelles, goupilles, clavettes, vis, clous, ressorts, etc.

L'outillage de l'atelier sera complété par un appareil pour soutenir l'essieu de la voiture et éviter que son poids porte continuellement sur les pneumatiques. M. Edeline a combiné des supports très ingénieux et très pratiques, et qui évitent ces détériorations d'enveloppes, nous devons les mentionner ici, car ils remplacent avec avantage les crics et lève-roues mécaniques avec lesquels on ne peut soulever qu'un côté de la voiture en risquant d'autre part de fausser l'extrémité opposée de l'arbre.

En ce qui concerne le matériel et l'outillage devant réglementairement se trouver dans le coffre de toute automobile, M. René Champly, dans une intéressante petite brochure à laquelle nous aurons l'occasion de recourir plusieurs fois, donne la liste suivante :

1 Masse cuivre.

1 Clef Billing grande.

1 Jeu de clefs à tubes (pour Mors, Panhard, Renault, De Dion, Darracq, Peugeot, etc, suivant la marque de la voiture.)

2 Tubes fer-blanc pour accessoires.

1 Pince d'appareilleur à gaz.

1 Clef de vélo (clé à molette).

1 Tournevis long et un tournevis petit.

1 Etau à main.

1 Lime demi-ronde et une lime tiers-point.

1 Burin acier fondu.

1 Pince universelle acier.

1 Chasse-pointe acier.

1 Marteau rivoir acier.

1 Sac cuir formant rouleau.

Cric.

Voltmètre et ampèremètre.

Nécessaire réparation-pneu.

Démonte-pneu.

Bougies inencrassables (bougies creuses).

Fils bien isolés.

Fil amiante.

Joints cuivre et amiante appropriés aux bougies et au moteur.

Chiffons pour l'essuyage.

Seau toile.

Burette huile.

Bidon huile extra (minérale).

Fil de fer.

Fil laiton.

Clous et vis.

Boulons et écrous appropriés à la voiture et au moteur.

Maillons de chaînes.

Goupilles diverses.

Rondelles diverses.

Toile émeri nᵒˢ 0 et 1.

Emeri poudre nᵒ 1.

Soupapes de rechange.

Ressorts, clavettes de ces soupapes.

Ressorts trembleurs, vis platinées.

Cordes et ficelles.

Graisse consistante.

Ruban chatterton.

Tuyau caoutchouc pour raccords.

Boîte fer blanc contenant : 1º quelques pincées de plâtre de Paris ; 2º même quantité de potée d'émeri ; 3º même quantité de résine pulvérisée ; 4º même quantité d'amiante broyée.

1 Tube fer blanc rempli de talc en poudre.

Ces divers objets et outils doivent être constamment tenus en bon état et remplacés au fur et à mesure de leur usure. Enfin, ce matériel doit être complété par un sac caoutchouté contenant les chambres à air de rechange et par une ou deux enveloppes de pneus de rechange garantis par une chemise imperméable lacée. Dans un compartiment spécial de la voiture, on mettra, en cas d'excursion prolongée, les cartes des régions parcourues, les annuaires, les papiers réglementaires, un nécessaire de toilette complet et les divers objets personnels du conducteur du véhicule.

Ainsi outillé, on pourra entreprendre de longs voyages avec une entière tranquillité d'esprit. En cas d'incident de route, on aura sous la main les outils et pièces de rechange indispensables pour réparer le dommage à moins qu'il ne soit de gravité exceptionnelle, ce qui est en somme assez rare si l'on va prudemment et à une allure permettant de rester constamment maître de sa vitesse et de sa direction. De retour à la remise, on complètera à loisir la réparation faite sur la route, en utilisant l'outillage plus complet qu'on aura installé ainsi qu'il a été dit.

Conseils pour l'achat d'une automobile. — Bien que le principe de fonctionnement soit exactement le même pour toutes les automobiles à pétrole, et qu'on y retrouve toujours les mêmes éléments, c'est-à-dire un moteur à un, deux ou quatre cylindres alimenté d'air carburé par le jeu d'un carburateur à essence ou à alcool, et actionnant l'essieu des roues d'arrière par des chaînes ou un arbre à cardans attaquant le différentiel et venant de la boîte du changement de vitesse ; bien qu'en somme on retrouve l'allumage par étincelle électrique dans tous les systèmes, ainsi que le même dispositif de refroidissement par pompe et radiateur, il n'est pas inutile d'être un peu connaisseur en mécanique pour discerner la véritable valeur d'un modèle d'auto surtout quand il s'agit d'un achat.

Le prix des véhicules mécaniques a bien baissé depuis ces dernières années, d'une part, en raison de la concurrence, et d'autre part, à cause d'une organisation plus rationnelle des ateliers de montage et des méthodes de fabrication des pièces en séries. Mais, néanmoins, quand on veut posséder ce qui se fait de mieux, il faut encore mettre le prix.

A notre avis, il faut une grande circonspection pour acheter une automobile d'occasion, dans une vente publique ou par correspondance. Un essai n'est pas toujours suffisant pour se rendre exactement compte de l'état de conservation du mécanisme ; souvent des mécaniciens peu scrupuleux profitent de l'incompétence du client pour maquiller habilement les points défectueux et vendre très au-dessus de sa valeur réelle un mauvais tacot, source de pannes continuelles et qui ne tardent pas à dégoûter de l'automobile l'amateur le plus décidé de locomotion mécanique. C'est là surtout qu'il est bon d'y regarder à deux fois avant de sortir son portemonnaie, car on n'en a pas toujours pour son argent.

Bien entendu, la puissance du moteur et la richesse de la carrosserie d'une voiture seront déterminées par la dépense que l'on consent pour l'entretien journalier. Le moteur d'automobile consomme une nourriture qui coûte assez cher : le litre d'essence, qui peut développer, en brûlant sous le piston, environ deux chevaux-vapeur pendant une heure, coûte 50 centimes dans Paris. Une modeste voiture à six places de 24 chevaux consomme donc dix à douze litres d'essence par heure de marche, et, si l'on ajoute à cette dépense l'huile de graissage, l'usure des pneus et l'amortissement en cinq ans du prix de la voiture, on peut se rendre compte que l'entretien d'un semblable véhicule coûte quinze francs par jour d'entretien, plus six francs par heure de marche ! En admettant que l'auto roule deux cents jours de l'année à raison de huit heures par jour, soit seize cents heures, la dépense totale annuelle — sans compter le salaire du mécanicien conducteur, les réparations et les impôts — s'élève à plus de *quinze mille* francs !... Ceci est un exemple, et ces chiffres sont plutôt au-dessous qu'au-dessus de la vérité. Ils démontrent que l'automobile est un moyen de transport qui n'est pas à la portée de toutes les bourses.

Quoi qu'il en soit, voici les points qui doivent caractériser une bonne voiture pourvue des derniers perfectionnements :

Moteur ne tournant pas à plus de 1.000 ou 1.200 tours par minute ;

Soupapes d'admission et d'échappement commandées mécaniquement ;

Allumage électrique par magnéto et rupteurs ou bougies ;

Refroidissement par circulation d'eau assurée par une pompe rotative et un radiateur à nid d'abeilles ;

Châssis en bois armé ou en acier embouti et profilé, rétreint à l'avant pour faciliter le braquage des roues de l'avant-train ;

Direction irréversible à volant ;

Carburateur à débit réglable à la main et par le régulateur ;

Changement de vitesse à engrenages noyés dans la graisse, engrenages de grande vitesse toujours en prise ;

Transmission par chaînes (plutôt que par cardans) ;

Suspension élastique sur longs ressorts, avec dispositif pour absorber l'excès des vibrations (genre Truffault) ;

Freins agissant : 1° sur le différentiel ; 2° sur des poulies attenant aux roues ; 3° sur les jantes. Ces freins, très énergiques et très doux, doivent se manœuvrer au pied comme l'embrayage. Les règlements de police exigent leur présence simultanée sur tous les véhicules à moteur ;

Roues entièrement en bois, garnies de bandages pneumatiques revêtus de protecteurs pour éviter les perforations et diminuer l'usure de la gomme.

Tels sont les points principaux qui doivent attirer l'attention de l'acheteur avant de fixer son choix. Si, au lieu d'une voiture, il s'agit d'un quadricycle ou d'une motocyclette, ces véhicules doivent répondre aux conditions suivantes :

1° *Quadricycle*

Bâti en gros tubes d'acier étiré, sans soudure et renforcés ;

Moteur à culasse à eau, circulation d'eau par thermo-siphon, force 3 à 4 chevaux ;

Débrayage et transmission à deux vitesses (système Bozier) ;

Carburateur à pulvérisation Longuemare ;

Freins à collier : 1° sur différentiel ; 2° sur poulie ; 3° Bowden sur jante ;

Gros pneus de 65 sur jantes en bois ou en acier.

2° *Motocyclette*

Cadre en gros tubes comme le quadri ;

Moteur à ailettes, placé dans le pédalier, force de 2 chevaux ;

Carburateur à pulvérisation ;

Allumage électrique par bobine d'induction et accumulateurs ou piles ;

Pédalier de bicyclette, avec roue libre (dans le moyeu de la roue arrière) ;

Transmission par courroie torse, suppression du tendeur et autre dispositif.

A mon avis, la raison d'être de la motocyclette est sa simplicité ; si on la munit de moteurs à refroidissement d'eau et de débrayages, si on lui adjoint des réservoirs pesants, des transmissions compliquées, c'est aller contre son rôle et en faire un instrument hétéroclite, à la fois dangereux et sans confortable. La vraie bicyclette automobile ne doit pas peser plus de 30 kilogrammes et pouvoir être manœuvrée comme une bicyclette ordinaire en cas de panne grave, et c'est alors qu'on reconnaîtra l'avantage d'un pédalier grâce auquel on pourra toujours terminer l'étape commencée.

CHAPITRE VIII

Premières sorties. — Apprentissage.
Vérification

Avant la sortie. — On commencera par examiner avec attention les diverses parties du moteur et vérifier s'il n'y a aucune fuite, c'est-à-dire si les clapets et les joints sont tous bien étanches.

Pour s'assurer de l'étanchéité des soupapes, enclanchez la manivelle de mise en train et tournez-la lentement jusqu'à ce que vous rencontriez une résistance sensible si le moteur est à un seul cylindre, deux s'il est à deux cylindres et ainsi de suite. Ces résistances doivent être énergiques; si elles étaient au contraire faciles à surmonter, c'est que les clapets seraient encrassés et, n'adhérant plus parfaitement sur leur siège, laisseraient fuir les gaz comprimés par le mouvement du piston. Il est nécessaire alors de démonter les soupapes et roder les clapets avec un peu de poudre d'émeri très fine

délayée dans l'huile. Si, ce travail effectué, le
clapets remontés, la compression n'est pas en
core parfaite, on donne un tour de clef à tou
les écrous de serrage des joints, tels que ceux
des bougies d'allumage, de la culasse, des bou
chons de soupapes, etc. Recommencez encore à
tourner votre manivelle de mise en marche ; s
les résistances ne sont pas encore parfaites
c'est alors qu'un des joints « fuit ». On peut en
tendre le sifflement produit par l'échappement
des gaz au moment de la compression, sifflemen
qui révélera l'endroit de la fuite.

Dans le cas où l'on n'entendrait pas ce bruit
caractéristique, une flamme de bougie promenée
tout autour des joints indiquerait par sa vacilla-
tion ou son extinction subite l'endroit fautif
Il faudra alors démonter, enlever le carton
d'amiante constituant le joint et le remplacer par
un neuf, ce qui n'est pas toujours extrêmement
aisé, surtout pour un débutant.

Après vous être assuré de la parfaite compression du moteur, examinez votre carburateur. Il
est bon de le *purger*, et pour ce faire on dévisse
le bouchon disposé à la partie inférieure du
niveau constant et on laisse couler la vieille
essence que peut contenir ce récipient. Il est
même plus prudent encore de dévisser le con-
vercle du carburateur, d'en retirer le flotteur,

d'essuyer l'intérieur avec un linge fin, d'ouvrir le robinet d'adduction, de s'assurer par l'examen du jet qu'il n'y a pas d'obstruction dans le conduit, de refermer le robinet du réservoir, puis de remonter le carburateur.

Avec l'allumage électrique, voyez bien que les pointes de vos bougies ne soient pas encrassées et se trouvent à la distance voulue (1 millimètre à peu près), que vos contacts à la came d'allumage soient bien propres et votre trembleur bien réglé. Examinez aussi toutes les vis ou écrous qui fixent les fils conducteurs, ainsi que vos accumulateurs ou piles sèches, qui devront marquer de 4 à 5 volts.

Passez alors à l'examen des ressorts de la soupape d'admission, d'échappement et autres. Si quelques-uns vous paraissent faibles, n'hésitez pas à les changer ; c'est une dépense minime, et cela pourra vous éviter de longues recherches sur route au cas où ils ne fonctionneraient plus convenablement. Enfin, remplissez les réservoirs de pétrole en vous assurant avec votre densimètre qu'il ne marque pas plus de 680 et voyez qu'il n'y a pas excès d'huile dans le carter du moteur. Maintenant, vous pouvez être certain que votre moteur est en parfait état.

Passons à la *transmission*.

Avec une transmission par engrenages, faites

fondre de la graisse noire caoutchoutée au bain-
marie, et avec un pinceau enduisez les roues dentées de changements de vitesse. Dans le cas où
ces roues dentées seraient enfermées dans un
carter, remplissez-le aux 2/3 d'oléonaphte ou de
graisse consistante ; de cette façon, vous n'aurez
plus à vous occuper de leur graissage pendant
trois semaines. La boîte qui contient le différentiel devra être remplie en marche de graisse consistante jaune. Mieux vaut en mettre trop que
pas assez, car, comme l'a fait justement observer
M. Farman, dans le cas présent, le mieux n'est
pas l'ennemi du bien.

Mettez un peu d'huile ou de graisse consistante
dans chaque palier, aux boules des patentes des
roues, et quelques gouttes d'huile de pied de bœuf
dans les fusées de direction.

Passez alors aux chaînes de transmission. Pour
les nettoyer, prenez une brosse très dure, semblable à celle que les cochers emploient pour les
sabots de leurs chevaux, trempez-la dans du
pétrole et frottez énergiquement, puis graissez
chaque maillon avec une burette.

Un autre système, meilleur encore à notre avis
pour le graissage des chaînes, consiste à les plon-
ger dans un bain de suif fondu, après les avoir
nettoyées bien entendu. Laissez-les séjourner
quelques minutes dans ce bain de façon à ce que

le suif liquide pénètre bien dans les articulations. Ensuite enlevez-les et laissez-les refroidir.

Les freins devront être réglés soigneusement.

Pour que le frein à levier soit bien réglé, il faut que, le levier étant poussé jusqu'au débrayage complet, la distance entre la jante de la roue et le sabot soit de 1/2 centimètre environ. Si l'écart est plus grand, rapprochez le sabot à l'aide de la vis de réglage.

Examinez ensuite le frein à pédale: voyez que la tige ne soit pas trop lâche et que le tambour d'enroulement et les petits sabots soient bien propres, sans huile ni graisse d'aucune sorte. Une vérification encore à faire quand on s'occupe des roues, c'est l'étanchéité des valves des pneumatiques.

Pour tout chauffeur, il est clair que la connaissance et l'entretien de la voiture évite les neuf dixièmes des accidents ou incidents.

Un simple cycliste vérifie consciencieusement sa machine avant de partir pour une excursion; on comprend fort bien dès lors l'importance de l'examen auquel on doit soumettre une automobile avant de s'embarquer pour de longues étapes.

Un écrou desserré, un graisseur qu'on a oublié de remplir peuvent très bien amener de graves accidents, tel que le grippage d'un axe, etc., qui nécessitent de longues heures de réparation.

Donc, suivez bien les conseils que nous donnons, dans ce petit livre ; ils constituent, en quelque sorte l'art élémentaire du chauffeur. On peut prendre plus de précautions si on le juge utile, cela ne nuira pas ; mais jamais on ne devra en omettre.

Il est bien entendu que nous ne considérons ici que le cas d'un chauffeur qui va entreprendre une longue excursion, et non une simple promenade au bois de Boulogne.

Mise en marche. Départ. — En premier lieu, remplissez d'eau douce (eau de pluie autant que faire se peut) votre réservoir d'eau de réfrigération. Versez cette eau à l'aide d'un entonnoir à toile métallique ; cette précaution est nécessaire pour éviter d'engorger les tubes de circulation de brins de paille ou de bois ou de détritus de toute nature qui, en arrivant dans la pompe, pourraient déterminer son arrêt brusque. La toile métallique les retient donc et il suffit de la brosser après que le plein du réservoir a été fait.

Remplissez ensuite votre réservoir d'essence, garnissez d'huile les graisseurs des cylindres, ou le récipient de l'oléopolymètre, dont les divers départs d'huile sont réglés. Armé d'une burette, comme le mécanicien inspectant sa locomotive avant le départ, versez quelques gouttes de lubrifiant sur les divers organes servant à la commande des mouvements, notamment ceux actionnant les soupapes d'échappement, les chaînes et les divers pivots visibles. Huilez la manivelle de mise en marche, les pivots de direction, les joints des ressorts, les moyeux des roues, etc. Enfin, assurez-vous que la *béquille* se manœuvre bien et que sa corde ne se trouve pas engagée dans le mécanisme.

Après ces préliminaires, arrivez à l'allumage : placez votre fiche dans le vide du coupe-circuit et disposez la manette sur l'indice « marche ». Vous pouvez alors lancer votre moteur en tournant la manivelle. Cependant, avant de vous atteler à cette manivelle, réglez d'abord la carburation, telle que vous la croirez la meilleure Généralement, marchez à l'air froid en été et à l'air chaud en hiver.

Neuf fois sur dix, surtout avant que vous ne soyez bien habitué à votre voiture, vous aurez à modifier la carburation avant de trouver le point exact où le moteur rend le mieux.

Avant de tourner la manivelle de mise en marche, mettez le levier au point mort ; serrez votre frein et ouvrez le robinet d'admission d'essence au carburateur.

Dès que votre moteur sera parti, cherchez de

nouveau le point de carburation où l'explosion est la plus nette et la plus puissante.

Vérifiez si votre pompe fonctionne bien. Il arrive quelquefois avec les pompes centrifuges (système généralement adopté) que le petit volant de la pompe appuie mal contre le grand volant du moteur. Dans ce cas, donnez un tour de clef à l'écrou spécial, qui rapprochera légèrement le petit volant. Ne le serrez pas trop, car le caoutchouc risquerait de sauter.

Maintenant, toutes vos précautions sont prises; montez en voiture, desserrez votre frein, appuyez sur la pédale de débrayage, mettez votre levier à « marche avant » et embrayez la plus petite vitesse.

Alors, soulevez *doucement* votre pied de façon à ce que la pédale d'embrayage remonte lentement et que votre voiture parte progressivement.

En route. De la prudence ! Telle devrait être la devise de tous les pratiquants de l'automobile. Malheureusement, il ne manque pas de conducteurs qui ont le tort de se fier trop complètement à leur habileté. Une fraction de seconde d'inattention aux grandes allures, un frein desserré et voilà un accident d'arrivé sans qu'on ait pu l'éviter. Donc, il est bon de rappeler, surtout aux débutants, les conseils généraux suivants :

Faites bien attention à tous les croisements de route, surtout quand ils se rencontrent sur une descente. Pour avertir, donnez, avant d'arriver au croisement, un coup de trompe dont le son rauque s'entendant de loin, préviendra de votre arrivée. Faites également attention aux chevaux peureux — il n'en manque pas — qui, en entendant le bruit d'une automobile, se mettent, tout d'un coup, en travers de la route ; aux enfants qui, lorsqu'ils n'ont pas vu la voiture arriver de loin, s'affolent et vont se précipiter sous les roues ; aux animaux : chiens, bœufs, ânes, volailles, etc., qui souvent ne veulent pas laisser de passage libre, ou, effrayés, dansent sur la route juste devant votre voiture. Donc, soyez prudent !

Pour conduire, ayez la main légère, absolument comme en bicyclette. Il est tout à fait inutile de vous cramponner à votre volant de direction.

Lorsque vous voulez ralentir, débrayez à moitié ou complètement. Si vous voulez vous arrêter complètement, serrez votre frein à pédale, progressivement et avec précaution, sa puissance étant extrême.

Il ne faut jamais s'amuser à bloquer les roues, à moins d'urgence naturellement, sinon vos bandages se déchirent et tous les organes

de votre automobile travaillent considérablement.

Le passage d'une vitesse à l'autre, demande
une certaine habitude avec les engrenages pour
l'effectuer correctement.

On doit pousser brusquement et sans hésita-
tion le levier d'un cran à un autre, juste
au moment où l'on débraye *à fond*. Si vous
tâtonnez, vos engrenages ne mordront qu'à
moitié, produisant un grincement insuppor-
table, sans compter la détérioration de vos
roues dentées.

Lorsque vous vous trouverez en présence d'une
descente, ne laissez pas votre voiture s'embal-
ler. Commencez par débrayer ; puis, si ce n'est
pas suffisant, serrez votre frein à bande par
petits coups et non continuellement. Ceci pour
éviter qu'il ne « chauffe ».

Dans les côtes, la seule difficulté réside dans
l'art de changer de vitesse.

Il est toujours préférable de passer trop tôt
d'une vitesse à une autre que trop tard, car, dans
ce dernier cas, il vous faudra demander à votre
moteur un effort de démarrage qu'il lui est tout
à fait impossible de donner.

C'est pour cette raison que souvent il arrive
qu'un chauffeur habile monte certaines côtes à
la deuxième vitesse, alors qu'un débutant ou un

maladroit n'arrivera qu'à la monter à la première.

Lorsque vous vous arrêterez pour un certain temps, 1/2 heure ou 1 heure, commencez tout d'abord par fermer le robinet qui envoie l'essence au carburateur, puis remplissez les réservoirs d'eau, mais sans vider l'ancienne ainsi que le font certaines personnes, car cela est parfaitement inutile. De toute façon, il faut que toutes les trois ou quatre heures, suivant le modèle de votre voiture, vous remettiez de la nouvelle eau de refroidissement. Ensuite, éteignez les brûleurs et introduisez dans les tubes spéciaux qui mènent aux cylindres quelques gouttes de pétrole, puis faites faire trois ou quatre tours à la manivelle de mise en route. Avant de repartir, examinez très rapidement si tous vos graisseurs, dont vous aviez arrêté le débit, contiennent encore suffisamment d'huile, donnez quelques coups de pouce aux godets à graisse consistante de chaque palier, et avec votre burette huilez un peu les points de frottement des divers organes, le tout ne demande que quelques minutes à peine.

Avec les moteurs à allumage par étincelle électrique, on met, en s'arrêtant, le contact à l'arrêt et on enlève la cheville du conpe-circuit que l'on met dans sa poche.

Il peut arriver, en hiver, que la mise en train

du moteur soit difficile en raison de la basse température de l'essence, qui rend son évaporation difficile. C'est surtout en cette saison qu'il est indispensable de rechercher de l'essence d'aussi faible densité que possible (650 à 680 au plus). Le seul remède est de verser de l'eau chaude sur les parois du réservoir d'essence pour le réchauffer et faciliter le dégagement des vapeurs combustibles.

Arrivée. — Opérer comme il vient d'être dit pour l'arrêt momentané. Couper le circuit d'allumage, et, une fois arrêté, pétroler les cylindres. Fermez votre boîte à outils avec un cadenas, et faites le plein de votre réservoir à essence, en ayant soin de passer ce liquide à travers un linge fin placé dans un entonnoir. Confiez votre voiture au garçon d'écurie, en lui recommandant de se contenter de la laver avec de l'eau dans laquelle il mélangera 1 pour 100 de pétrole.

Après une excursion de plusieurs jours, au plus tard après une semaine de marche continue, il est nécessaire de procéder à un démontage complet du mécanisme et à une vérification attentive de tous les organes. Et, en suivant les conseils énoncés dans ce chapitre, on évitera une grande partie des pannes qui viennent si souvent troubler une belle promenade, et résultent souvent d'une négligence ou d'un oubli du conducteur de la voiture. Ayant une machine docile et fonctionnant avec régularité, vous goûterez entièrement le plaisir du voyage, et mieux qu'à bicyclette, car l'automobile a sur cette dernière l'énorme avantage de permettre de très longs parcours à allure rapide, en commun et sans fatigue. Ce sont, d'ailleurs, ces qualités qui ont établi la suprématie du véhicule mécanique et assuré son succès et son avenir.

CHAPITRE IX

Pratique de la Motocyclette

J'ai publié l'année dernière une petite brochure, écrite avec la collaboration anonyme d'un habile mécanicien qui avait étudié, dans ses moindres détails, la petite machine à deux roues et avait fait connaître, par suite, un modèle très perfectionné de motocyclette. J'extrairai ici, pour la rédaction du présent chapitre, les parties les plus intéressantes de cette brochure à laquelle les spécialistes avaient daigné reconnaître l'avantage d'une exacte documentation.

Transformation d'une bicyclette ordinaire en motocyclette. — Avant d'entreprendre le travail qu'exige la transformation d'une bicyclette ordinaire en motocyclette, le constructeur qui entreprend cette fabrication doit s'assurer si le cadre, construit ordinairement en tube de 10/10, n'a subi aucun choc, aucun rebrasage dans les tubes le composant, aucune réparation dans ses parties essentielles, enfin vérifier soigneusement les raccords, et surtout celui de la tige de fourche.

Quand, après un examen sérieux, le constructeur n'a rien découvert de défectueux, il peut envisager la transformation comme possible.

Mais, dans bien des cas, il est de première nécessité de ne pas adapter un moteur sur une machine douteuse par sa construction, son usage, ou sa trop grande légèreté. Il ne faut pas perdre de vue, en effet, que, si une bicyclette de route, pesant environ 12 kilos, peut porter allègrement un moteur de 13 à 14 kilos, y compris ses accessoires, et un cavalier de 60 à 80 kilos, il n'en sera pas de même avec une bicyclette plus légère, obligé que l'on a été d'employer, pour obtenir un poids inférieur, des matières premières plus réduites et partant beaucoup moins résistantes.

Voici donc deux points déjà nettement éclaircis:

1° *Ne jamais transformer* une bicyclette d'un poids inférieur de 11 kilos à 11 kilos 500 en motocyclette;

2° *Ne jamais adapter* sur une bicyclette ordinaire, même de bonne construction, un moteur d'un poids supérieur à 9 kilos 500 nu, et dépassant 60 millimètres d'alésage, car une bicyclette, si bien construite fût-elle, ne pourrait résister aux trépidations d'un moteur dépassant cette puissance, et susceptible de l'entraîner à une allure de 40 kilomètres à l'heure.

Il faut, pour ces puissances et ces vitesses, des cadres spéciaux, sur lesquels nous donnerons plus loin quelques détails.

Pour en revenir à ce qui nous occupe, voici de quelle manière on a opéré jusqu'à présent, et qui a donné toute satisfaction.

« Une fois ma machine reconnue bonne, dit un ingénieur qui a fait, de la motocyclette, une étude approfondie, j'ai renforcé la fourche. Il y a pour cela plusieurs moyens, mais voici ceux que j'ai employés de préférence :

« Je démonte ma fourche, je rentre à force, dans le tube supérieur, un tube d'acier de 15/10 le plus haut possible, sans pour cela gêner le plongeur du guidon, et je brase le tout, ou je renfonce la fourche par l'adjonction de deux montants ovales, partant de l'axe du moyeu avant au collier de serrage de guidon, que je retourne, le boulon tourné vers l'avant de la machine.

« Certains constructeurs ne préconisent pas ce dernier mode, prétendant qu'il retire *l'élasticité* de la fourche; pour ma part, je ne me suis jamais aperçu de cette défectuosité et j'ai souvent renforcé en employant l'un ou l'autre de ces deux modes, et bien des fois les deux en même temps.

« Il m'est arrivé aussi, étant pressé, de renforcer la direction en enfonçant dans le tube un morceau de bois d'*acacia*, ce qui ne donne pas de mauvais résultats. »

Montage du moteur dans le cadre. — Cette question, qui paraît compliquée pour certains constructeurs, est en réalité assez simple, quand on a à transformer une bicyclette ayant un cadre de 60 centimètres. Elle devient, il est vrai, plus complexe avec un cadre plus petit.

Ayant une bicyclette ordinaire à transformer en motocyclette et ayant choisi le type de Dion-Bouton, par exemple comme moteur, voici ce qu'il faut faire, mais en ne perdant pas de vue qu'en aucun cas il ne faut adapter sur une bicyclette ordinaire un type de 3 chevaux, qui est beaucoup trop fort; celui de 1 cheval 3/4 est très suffisant, j'ai toujours fait du 28 à 30 kilomètres en palier et j'ai allègrement monté toutes les côtes, en pédalant, il est vrai, mais il ne faut pas comparer, comme on l'a dit plus haut, l'effort à faire pour gravir une côte, même de 12 p. 100, à l'effort exigé pour monter cette même côte avec une bécane mue simplement par les jarrets. Le travail à développer n'est pas supérieur, en réalité, à celui que l'on produit en plat sur une machine ordinaire.

C'est donc plus que suffisant pour le touriste

qui veut se promener sans fatigue et jouir du coup d'œil et du bon air tout en roulant à allure modérée.

Le moteur est mis en place dans le cadre, au-dessus du pédalier, sans toutefois lui faire quitter sa position verticale, car un moteur incliné travaille toujours mal, pour plusieurs raisons, dont les principales sont les suivantes : un seul côté de la paroi du cylindre se trouve être bien huilé ; par l'effet du frottement des segments, il s'ovalise fatalement. De plus, la compression est capricieuse, le clapet ne descendant pas droit, et devant travailler en glissant dans son guide. Elle porte ainsi plus d'un côté que de l'autre : la tige peut se coincer et même gripper complètement.

Pour donner sa force effective et marcher régulièrement, un moteur à grande vitesse doit être *vertical*.

Le moteur étant en place et la jante de courroie fixée à la roue arrière rendue libre par un pignon *ad hoc*, on met en place le galet tendeur, qui doit tourner librement sur son axe. Ce galet, n'étant pas une pièce mécanique importante, peut même avoir du jeu sans que cela ait de conséquences sur la marche de la motocyclette, pour la raison que ce galet agit seulement sur le brin conduit de la courroie ; il est préférable que ce galet soit monté à billes pour l'usure, mais un

galet monté à frottement lisse n'a aucun inconvénient, si ce n'est celui de nécessiter un remplacement plus fréquent. On place ce galet à la
hauteur convenable pour que la courroie entre
le galet et la poulie du moteur soit parallèle. De
cette façon, on n'est pas obligé de tendre démesurément la courroie pour lui assurer l'adhérence
nécessaire et éviter tout patinage. Un serrage
exagéré de la courroie causerait l'usure rapide
des coussinets du moteur.

L'allumage électrique est opéré comme dans
tous les moteurs du même genre par une étincelle
jaillissant entre les pointes d'une *bougie* vissée
dans la chambre d'explosion. Le courant est
produit par deux éléments de pile ou d'accumulateurs traversant les spires d'une bobine d'induction. L'interruption est obtenue par un trembleur tombant dans l'encoche d'une came montée
sur un petit axe secondaire du moteur.

La réunion des divers fils conducteurs reliant
les différentes parties du circuit est faite suivant
la méthode habituelle, et un coupe-circuit de
sûreté est interposé sur le guidon ou mieux sur
le tube horizontal du cadre.

Conduite d'une motocyclette. — Arrivons-en
maintenant à la question de la circulation et de
la manœuvre d'une motocyclette organisée de la
manière qui vient d'être expliquée.

Ce que l'on appelle la *panne* peut provenir de différentes causes que nous allons énumérer :

Manque d'essence ;

Manque d'allumage ;

Manque de compression ;

Manque d'huile (grippage).

Le manque d'essence peut provenir de diverses causes : oubli de remplir le réservoir, oubli d'ouvrir le pointeau ou robinet. On rit ? Cette surprise arrive pourtant bien souvent. Ou encore une petite ordure peut boucher le tuyau d'arrivée. Oubli d'ouvrir la prise d'air du réservoir ; il peut se faire que de l'air soit dans le tube ; il faut alors dévisser ce dernier du côté du carburateur et le laisser dégorger avant de le remonter ; il faut donc dévisser le raccord du carburateur et s'assurer si l'essence coule.

Si elle coule et que le niveau constant soit plein, il faut voir au gicleur ou *champignon*, et s'assurer qu'en frappant sur la tige du flotteur l'essence sort par l'ajutage.

Le manque d'allumage peut provenir de nombreuses causes, sans parler de l'oubli de mettre en place la cheville ou de tourner la poignée interruptrice, ce qui arrive encore souvent.

Il peut provenir de la décharge complète de la pile ou de l'accumulateur, mais, le plus généralement, il provient de l'encrassement de la bougie par un excès d'huile dans le carter du moteur.

Il faut, dans ce cas, laver la bougie avec de l'essence en la frottant avec une brosse à ongles. Si l'on n'a pas d'essence ni de brosse étant en route, on doit gratter la porcelaine jusqu'à ce qu'elle soit redevenue bien blanche en employant la pointe d'un canif, car l'huile brûlée forme des dépôts de résidus qui sont conducteurs de l'électricité et empêchent l'étincelle de se produire aux pointes.

La bougie peut être cassée en son milieu et être le siège d'un court-circuit ; il faut, dans ce cas, la changer.

Les contacts de l'allumage, vis et trembleur, qui doivent être en platine iridié, beaucoup plus chers que les contacts ordinaires, c'est vrai, mais avec lesquels on a une sûreté d'allumage absolue, ont besoin d'être très propres, on les nettoie avec de la toile d'émeri fine, ou, à défaut, avec la pointe d'un canif.

Si, la bougie étant en bon état, les fils des deux pôles se trouvant bien en face et écartés d'un millimètre, les contacts, bien propres, ne donnent pas, il faut s'assurer s'il n'y a pas de fils desserrés, si les fils reliant les éléments de piles sèches ou d'accumulateurs ne sont pas rompus ou desserrés, s'il n'y a pas de rupture dans le fil de bougie ; pour trouver cette rupture, on doit faire fonctionner le trembleur avec le doigt et on entend un crépitement à l'endroit de la rupture.

Réglage de l'allumage. — Il faut en premier lieu s'assurer s'il y a étincelle au trembleur.

S'il n'y a pas d'étincelle, voir si les fils de l'accumulateur ou de la pile ne sont pas débornés, s'ils sont normaux, voir si l'accumulateur n'est pas déchargé (1), c'est qu'il y a rupture de fils, ou desserrage à la bobine ou à la masse.

Pour bien régler l'allumage, on démonte la bougie, on remet son fil, puis on la pose sur le cadre ou sur le moteur (sur la masse) et on ferme le circuit en tournant le moteur à la main. Il faut qu'à chaque contact de la vis platinée avec le trembleur ou ressort l'étincelle éclate entre les deux pointes de la bougie.

Si elle ne se produit pas, on desserre la vis platinée, ou on la resserre suivant le cas, après l'avoir débloquée par la vis d'acier qui se trouve

---

(1) Pour s'assurer si un accumulateur est déchargé en n'ayant aucun appareil de mesure sous la main, on prend un fil de métal quelconque en en faisant toucher une extrémité à l'une des bornes, on touchera l'autre borne avec l'autre extrémité par petits coups secs ; s'il y a des étincelles, l'accumulateur est encore chargé ; s'il ne l'est plus, c'est que les éléments seront séparés ou qu'il sera vide, il ne donnera alors aucune étincelle au court-circuit produit par votre fil.

en bout (Moteurs de Dion-Bouton et du même genre).

Avoir bien soin, en posant la bougie sur le moteur, que la partie cuivre de l'extrémité de porcelaine où l'on met le fil ne touche pas, car il y aurait là un court-circuit qui dériverait le courant au passage, et l'étincelle ne se produirait pas.

Une fois l'étincelle obtenue bien violette, on remonte le tout et l'on est prêt à partir.

Compression. — Si, étant en marche, le moteur cesse de *taper* et s'arrête, qu'il tourne facilement sans marquer de résistance au temps de la compression, il n'y a pas à hésiter : il faut démonter la *pipe* et visiter le clapet d'aspiration afin de s'assurer si un corps étranger ne l'empêche pas de se refermer, ou si la clavette n'est pas sautée, si ce clapet est normal, vérifier celui d'échappement.

Le manque *total* de compression ne peut provenir que du mauvais fonctionnement des clapets ; il ne faut pas oublier que la bonne compression est l'âme des petits moteurs, il faut donc apporter tous ses soins à la leur conserver.

Il peut se produire des fuites, par une mauvaise bougie, entre la porcelaine et le joint d'amiante, par le joint de culasse, par le joint du siège de clapet d'aspiration ; il faut veiller à ce que les clapets soit toujours bien rodés.

Car, dans ce cas, le moteur marche, mais ne fait aucune force ; il faut s'assurer si le ressort d'échappement est toujours bien tendu, car un ressort trop mou est souvent la cause du mauvais fonctionnement d'un moteur.

Pour bien roder un clapet, on prend de la potée d'émeri très fine avec de l'huile ; on ne doit roder qu'avec un tournevis, jamais avec un vilebrequin qui peut *dégrader* irrémédiablement le siège de la soupape si un grain trop dur se trouve dans la potée.

Il peut se faire que le moteur ne démarre pas, par suite du collage du clapet de la soupape d'aspiration sur son siège. Il faut alors le décoller en appuyant simplement sur la tige avec le doigt.

Pour rechercher une fuite à un moteur, on prend un rat de cave, dont on présente la flamme aux endroits indiqués ci-dessus, en faisant tourner le moteur à la main.

Le manque de compression peut également provenir d'une fuite dans les segments, soit que les fentes de ces segments se trouvent en face les unes des autres, soit que les segments se trouvent trop courts ou mal ajustés, ou encore que le cylindre soit ovalisé. Dans ce cas, il faut le changer. Du reste, si une fuite est constatée dans le cylindre, on a tout intérêt à s'adresser au constructeur pour mettre cette pièce au point,

Défaut d'huile. — Si le moteur manque d'huile au point de s'arrêter, cet arrêt peut provenir de la perte du bouchon de vidange. Il faut, si possible, avant qu'il soit froid, introduire du pétrole par le robinet de compression et faire tourner le moteur à la main.

Si, après quelques efforts, le moteur résiste, on doit le porter chez le constructeur, qui a seul les moyens de le remettre en état; mais, le plus souvent, le remplacement du cylindre et du piston est nécessaire. Il faut même quelquefois remplacer les coussinets. On voit ainsi qu'une attention continuelle est nécessaire pour éviter cette fâcheuse conséquence et il vaut mieux changer son huile trop souvent que pas assez.

Ordinairement, avec un bon moteur bien étanche, à l'état neuf, il faut changer l'huile tous les 20 kilomètres, ensuite tous les 30 ou 40 kilomètres.

1° Dans le choix d'un moteur, quel qu'il soit, on doit exiger les qualités suivantes : pièces interchangeables, clavetage des axes-cônes, les axes cémentés, trempés et rectifiés après la trempe, coussinets en bronze phosphoreux, clapets d'un accès facile.

Avec un moteur offrant ces garanties, je le répète, quelle que soit sa marque, on est certain d'une bonne marche pendant *longtemps*.

2° Pour construire spécialement une motocyclette, faire un cadre haut de direction, des tubes pas plus gros que des tubes ordinaires (des gros tubes donnent l'allure lourde à une machine), mais en tubes de 15/10, roues de 65, pneus de tandem ordinaire, moteur 1 cheval 3/4 *maximum* (pour aller loin et longtemps). En suivant ces prescriptions, on aura une machine parfaite, simple, robuste, agréable à l'œil, avec laquelle on fera du bon 40 à l'heure sur toute route sans pédaler, et on montera les côtes sans presque s'en apercevoir.

Enumérons, en terminant, quelques-uns des avantages qu'offrira la bicyclette à pétrole comparée aux autres modes de locomotion automobile :

Le bon marché : il suffira d'acheter un moteur et ses accessoires, soit une dépense maxima de 400 francs ; la consommation d'essence est insignifiante : 2 litres et demi par 100 kilomètres ; l'entretien est aisé ; la machine ne tenant pas plus de place qu'une bicyclette ordinaire, on peut la garer chez soi.

Possibilité de passer sur les chemins les plus étroits et sur les trottoirs cyclables.

Les côtes dont la pente et la longueur ne dépassent respectivement pas 5 p. 100 et 1.200 m. sont grimpées sans le secours des pédales. Dans un raidillon et à la fin d'une très longue montée, on est obligé de pédaler, mais cela ne demande pas plus d'efforts que lorsque l'on fait du 15 kilomètres à l'heure, en palier, sur une bicyclette ordinaire.

Quant aux trépidations, elles sont plutôt moins pénibles qu'avec les autres motocycles, le tricycle ou le quadricycle. Je mentirais en disant qu'on n'en éprouve pas davantage qu'avec la simple bicyclette : mais cela tient sans doute à la vitesse plus grande. On peut les corriger en partie avec une selle confortable.

En résumé, j'ai la conviction que, sur une bicyclette munie d'un petit moteur, on peut abattre ses 200 kilomètres par jour à une moyenne de 25 à 30 kilomètres à l'heure. Certes, un bon cycliste fait de telles étapes avec l'emploi du seul moteur humain ; mais tous les cyclistes n'ont pas la santé ou le courage nécessaires pour atteindre ce degré d'entraînement.

Enfin, l'avantage le plus réel et surtout le plus appréciable : En cas de panne (hélas ! rien n'est absolument parfait en ce monde), possibilité de rentrer en pédalant ou, tout au moins, de gagner la gare prochaine où l'on enregistrera la bicyclette pour 10 centimes. Il suffit, pour cela, d'enlever la courroie de transmission. On peut pédaler alors à une vitesse de 12 kilomètres à

l'heure sans trop de fatigue. Enfin, si l'on veu'
revenir pendant quelque temps à la bicyclette
ordinaire, il suffira d'enlever le moteur auxi-
liaire, opération qui demandera une demi-heure
environ. Le montage peut se faire en une heure
et demie.

CHAPITRE X

Les Pannes

Le véhicule à moteur à pétrole : voiture ou motocycle, est une machine et, comme toutes les choses créées par l'homme, cette machine est sujette à se dérégler et, si elle n'est pas bien entretenue, capable de cesser brusquement de fonctionner, laissant dans l'embarras les voyageurs ayant pris place à son bord.

Dans les débuts de l'automobilisme, ces arrêts subits et intempestifs étaient fréquents; ils étaient dus la plupart du temps à la complication des organes, insuffisamment étudiés par le constructeur et malmenés sans pitié par le conducteur de la voiture. Les uns comme les autres faisaient leur apprentissage et le manque d'expérience constituait la principale cause de ces pannes déconcertantes et répétées.

Il n'en est plus de même, heureusement, aujourd'hui, je m'empresse de le dire, car les moindres détails de l'automobile sont maintenant perfectionnés et ramenés au maximum de simplicité et de robustesse. De leur côté, les pratiquants de l'auto sont plus soigneux, le temps les a instruits et assagis, et il en résulte que la définition des premières voitures à moteurs, « voitures à pannes conduites par des figures à gifles », n'est plus exacte désormais.

Mais quoi qu'elle se soit raréfiée, les causes pouvant lui donner naissance ayant été éliminées par les constructeurs, la « panne » traîtresse peut cependant encore surprendre le chauffeur, surtout le débutant n'ayant pas encore fait connaissance intime avec les plus infimes parties de sa mécanique, et c'est pourquoi je consacrerai le présent chapitre à l'examen des causes de pannes pouvant survenir en cours de route, pannes dont la responsabilité incombe le plus souvent au chauffeur qui a commis une faute, un oubli. On est souvent porté à rejeter sur la machine — qui n'en peut mais ! — toutes les défaillances qui lui surviennent, quand, au contraire, ce serait soi-même qu'on devrait accuser d'étourderie, de négligence ou de maladresse. C'est dire : « Tiens ! ma montre s'est arrêtée ! » au lieu de : « Tiens ! j'ai oublié de remonter ma montre ! ». Il y a une nuance !...

Si l'on peut diviser les pannes en catégories, on aura les pannes légères, résultant du déréglage momentané d'un organe, déréglage facile à reconnaître et à réparer en un instant ; les pannes moyennes, dont la cause est difficile à délimiter et la réparation malaisée sur la route ; enfin les pannes graves résultant d'un accident ou d'un oubli sérieux et rendant impossible le retour du du véhicule à sa remise. Les deux premières catégories de pannes peuvent exercer la sagacité et la patience de l'automobiliste, mais il parviendra, avec de l'ingéniosité servie par quelques outils, à se tirer d'affaire tout seul, mais, dans le dernier cas, sa dernière ressource sera de recourir à l'aide d'un moteur animé, à avoine et à crottin le plus souvent, pour remorquer l'appareil avarié et l'aider à atteindre, soit un endroit hospitalier, soit une gare où le « grand frère » pourra recevoir sa concurrente et la transporter jusqu'à son gîte.

Suivant le siège de l'avarie, les pannes peuvent être rangées dans l'ordre suivant, qui est aussi celui de leur fréquence :

1° Pannes d'allumage ;
2°   —   de compression ;
3°   —   de transmission.

Je ne parle pas de la panne due à l'oubli de l'essence dans le réservoir, et qui n'arrive qu'aux têtes folles ou aux néophytes, ni des crevaisons de pneumatiques dont on s'aperçoit facilement. J'examinerai donc les pannes dans cet ordre:

PANNES D'ALLUMAGE

Causes. — Trembleur déréglé ou plein d'huile, fils desserrés, contacts imparfaits ou oxydés, bougie félée, suiffée, dont les pointes se sont démesurément écartées ou dont le joint n'est plus étanche. Oubli de la fiche du coupe-circuit, détérioration de la poignée interruptrice, défauts dans les fils, courts-circuits internes, pile usée ou accumulateurs déchargés, prises de courant oxydées, fils brisés sous l'isolant.

On peut dire que c'est au mécanisme d'allumage que sont imputables la majeure partie des pannes qui désolent les chauffeurs. Aussi est-il de première utilité de vérifier avant de partir en promenade ou en excursion les moindres détails du circuit électrique.

Quand le générateur de courant est une pile ou un accumulateur, s'assurer du voltage de la source, qui ne doit pas être inférieur à 1,9 volt par élément pour les accus et 1 volt par élément pour les piles (soit 3,8 volts pour deux accus en tension et 4 volts pour 4 éléments de piles).

Sur la route, quand on se trouve brusquement arrêté et que l'on est sûr de la quantité comme de la qualité de son essence, on peut incriminer le système d'allumage et il faut le visiter pour s'assurer s'il n'est pas déréglé ou avarié. Pour réduire au minimum cette catégorie d'incidents, je conseillerai de prendre une magnéto à mouvement alternatif comme source de courant, ou un allumeur par frottement (genre Jacquet-Morel).

Avec un allumage par came et trembleur, qui est encore le plus employé actuellement, il faut vérifier, en premier lieu, le *trembleur* qui détermine le jaillissement de l'étincelle dans la chambre d'explosion au moment précis où la compression est terminée. On fait donc vibrer la lame d'acier avec le doigt: si la vibration est bien sonore, c'est que le contact entre la vis et le plot de platine de la lame est bon, mais le contact peut être sali par de l'huile venant de la came ou de la poussière; on nettoie avec un bout de chiffon propre.

Pour une vérification complète, on dévisse la ou les bougies d'allumage, suivant que le moteur comporte un ou plusieurs cylindres et on les dépose, toujours reliées par leurs fils à la source de courant sur la masse métallique du moteur, en ayant soin que ces fils ne touchent pas la masse. On fait ensuite tourner le moteur à la main, de façon que le marteau du trembleur tombe dans l'encoche de la came et, après avoir mis en place la fiche de contact et tourné la poignée inter-

ruptrice, on fait vibrer le trembleur avec le doigt.
Si l'étincelle jaillit bien bleue et bien nourrie
entre les pointes de la bougie, on peut être certain
que l'arrêt du moteur ne provient pas de l'allumage. Si, au contraire, cette étincelle ne se produit produit pas ou se produit mal, voici la
marche à suivre pour découvrir la cause de cette
anomalie : en premier lieu, voir si le fil est bien
serré sur la borne d'attache; passer ensuite à la
source de courant et vérifier son voltage à l'aide
du voltmètre; regarder ensuite les contacts et les
attaches des fils. Si l'on constate que les accumulateurs sont chargés, que les contacts sont
bons partout, la cause de la non production
d'étincelle proviendra du bris d'un fil conducteur
dans sa gaîne isolatrice. Cet accident est excessivement rare.

En pareil cas, on commence par vérifier avec
le voltmètre si le courant passe avant d'entrer
aux bornes de la bobine. Si oui, la rupture du
circuit existe, ou bien dans la bobine ou bien dans
la partie de la canalisation qui conduit le courant
de la bobine à la bougie et à la came d'allumage.

Généralement, le fil se sera brisé juste avant
d'arriver à la came d'allumage. On s'en assurera
en tâtant les gaînes en caoutchouc qui permettent de découvrir l'endroit où le fil métallique

est cessé. Mais, nous le répétons, cet accident est extrêmement rare.

Dans le cas où l'étincelle est faible, il convient de porter son attention sur l'état d'intégrité de la

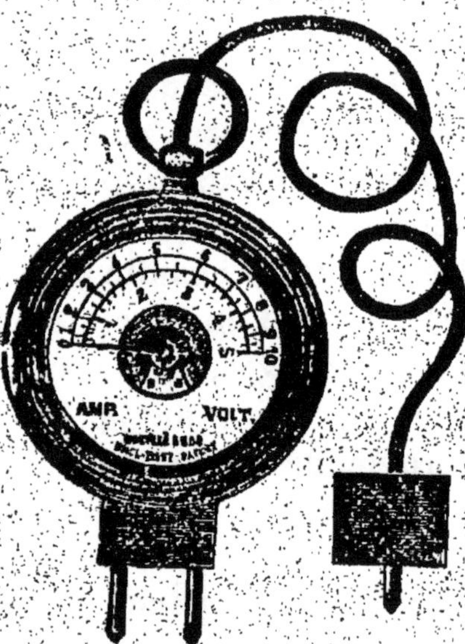

Fig. 12. — Voltmètre de poche pour vérifier la tension du courant.

bougie, voir si les pointes n'en sont pas salies ou trop éloignées l'une de l'autre. Leur distance normale doit être 1 millimètre. Voir ensuite si la pièce métallique que maintient la porcelaine n'est pas descellée et si la vis de la borne est convenablement serrée. Examiner ensuite la came; s'assurer si le marteau du trembleur tombe aux deux

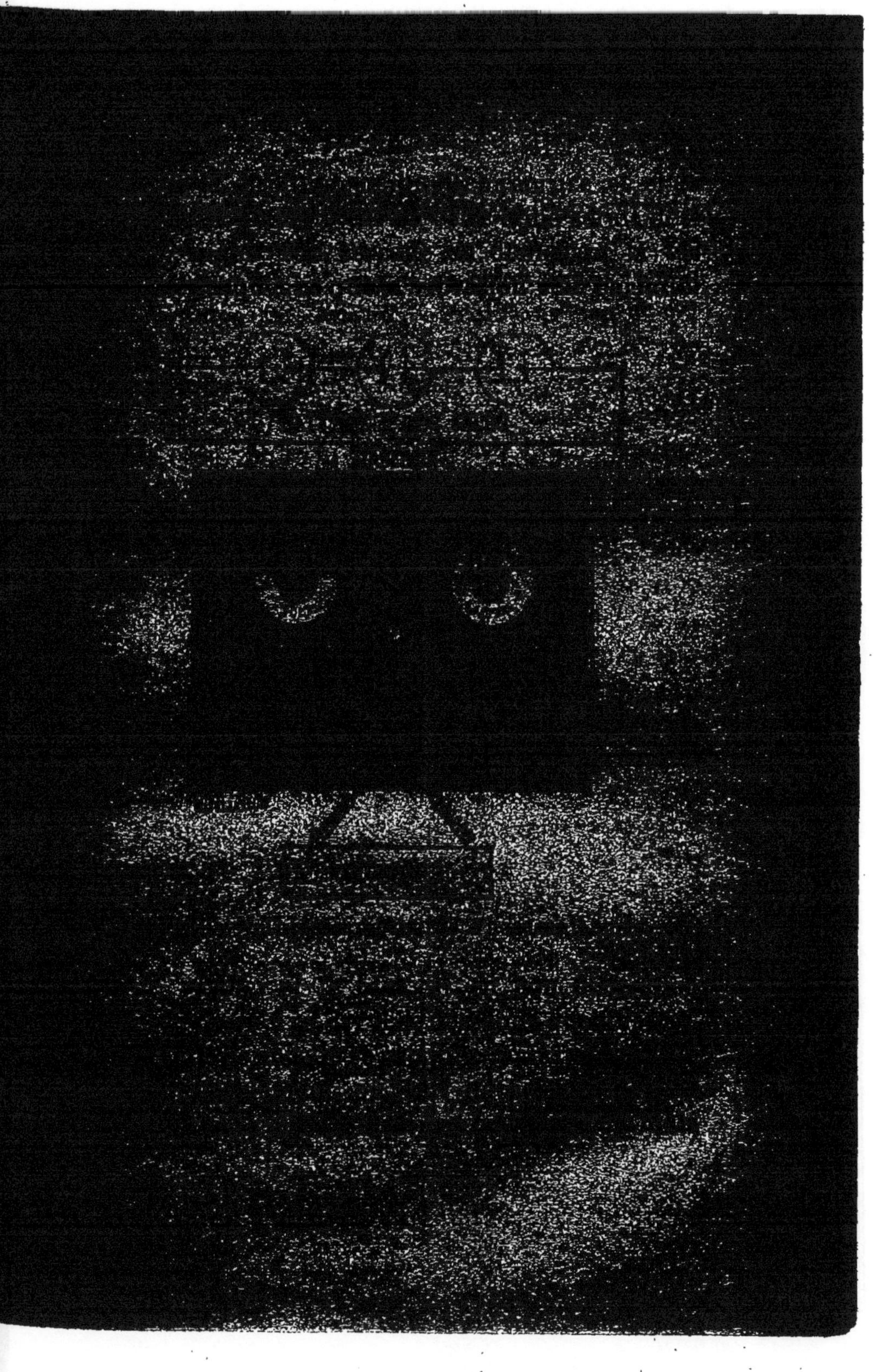

Il arrive souvent qu'un des contacts est légèrement
desserré ou sale, ce qui empêche le courant de
passer d'une façon continue. Il faudra donc vérifier le parfait état des contacts, en commençant
par les vis qui sont les plus sujettes à se dérégler.

On examinera ensuite l'état de charge des
accumulateurs avec un voltmètre ; la charge devra être, à très peu de chose près, la *même* qu'au
moment où ils viennent d'être chargés, c'est-à-
dire indiquer 2,2 par accumulateur. Par exemple,
s'ils marquent 2 volts 4 en pleine charge, ils
doivent être rechargés dès qu'ils descendent
au-dessous de 1 volt 9.

Il faut, autant que possible, éviter de toucher au petit écrou du milieu qui dissimule le
joint de la bougie ; on pourrait, en serrant ou en
desserrant cet écrou, casser net le tube de porcelaine ou dérégler l'écart des pointes, difficile ensuite à corriger. Pour ces raisons, ce joint se
règle, avant de mettre la bougie en place, à
l'aide de la clé à bougie spéciale. Cependant, si
l'on ne parvenait pas à délimiter l'endroit défectueux de la bougie, on serait bien obligé de s'assurer, en dévissant cet écrou, si la porcelaine
est en bon état à cet endroit ; il peut justement
exister une fêlure invisible sans un démontage.
Mais le plus simple et le plus court, quand on
s'est aperçu que la bougie est sujette à caution,

consiste à l'enlever et de la remplacer par une des bougies de rechange qui doit se trouver dans la sacoche d'outils de la voiture. La bougie en mauvais état sera réparée à loisir à l'atelier une fois le voyage terminé.

La panne résulte fréquemment d'un contact défectueux : un seul écrou desserré ou perdu, un seul contact gras ou oxydé, peut supprimer le passage du courant et amener l'arrêt du moteur par ratés d'allumage. Il faut donc revoir, en cas d'arrêt imputable au fonctionnement de l'électricité, l'intégrité des fils et le bon état des bornes et écrous suivants : les deux bornes de la vis de réglage, les bornes de la bobine d'induction, les contacts du coupe-circuit de sûreté et ceux de la poignée interruptrice; enfin, comme nous l'avons dit plus haut, les départs des fils à l'accumulateur ou à la pile, ainsi que les différents raccords des fils avec leurs points d'attache. Pour découvrir le défaut, il faut quelquefois poursuivre ses investigations jusqu'à la liaison des éléments entre eux, car c'est quelquefois dans ces connexions intermédiaires que se dissimule la détérioration, cause première du mauvais fonctionnement de la machine.

II. *Pannes de compression.* — Il est essentiel, pour qu'un moteur à pétrole donne sa puissance normale, qu'il donne le nombre d'explosions par minute calculée par le constructeur et que ces explosions aient le maximum d'intensité. Il est donc essentiel que la compression effectuée à la fin du deuxième temps du cycle soit parfaite, condition d'une étanchéité absolue des clapets de soupapes.

J'ai dit, dans le chapitre précédent, combien il est facile de s'apercevoir d'une insuffisance de compression en tournant le moteur à la manivelle. Le remède consiste à démonter les boîtes de soupapes et roder les clapets.

Il peut encore arriver que le joint en amiante de la culasse ou du cylindre soit carbonisé et ait perdu son étanchéité. On s'en rend compte par le courant d'air qui s'échappe à chaque période de compression. Le mieux, si l'on n'est pas pressé, est de démonter la culasse et de refaire le joint avec du carton d'amiante neuf.

Au cas contraire, on n'a qu'à terminer son étape à petite vitesse.

Enfin, le manque de compression peut provenir des *segments* du piston qui sont, soit collés, soit en face les uns des autres.

Pour remédier à ce premier accident, le plus rare de tous, on commencera d'abord par essayer simplement de verser un peu de pétrole dans le cylindre de façon à dissoudre la graisse qui tient les segments collés au corps du piston. Si cette première tentative ne réussit pas, et si l'on se trouve fort loin de son domicile, il y a deux solutions suivant que l'on a affaire à un moteur facil à démonter (de Dion) ou à un moteur compliqué. Dans le premier cas, il n'y a pas à hésiter : démontez complètement votre moteur, culasse et cylindre, ce qui n'est pas très difficile, puis remettez alors les segments de vos pistons en place. C'est une affaire de moins d'une heure avec un de Dion-Bouton.

Avec un moteur Daimler, on peut soit remplir complètement les cylindres de pétrole et leur faire prendre un bain de deux ou trois heures, soit démonter le moteur.

On ne devra hasarder cette dernière tentative que si l'on est un mécanicien consommé et que l'on a un endroit propice pour travailler. Au cas contraire, il faudra se résigner à avoir recours au chemin de fer.

Répétons encore une fois que cet accident se produit très rarement.

Maintenant que nous avons vu quelles sont les causes de non-fonctionnement d'un moteur, nous allons examiner les autres accidents plus graves qui peuvent lui arriver et que quelques conseils permettent d'éviter souvent, si ce n'est toujours.

Ces accidents peuvent être ramenés presque toujours au bris de quelques pièces intérieures du moteur, telles que les segments, la tige de piston, l'axe manivelle, etc. ; ils ont toujours pour cause, dans les moteurs bien construits, soit un refroidissement insuffisant, soit un graissage également insuffisant.

Si, par exemple, on sort avec une voiture dont le moteur n'aura pas été graissé depuis la dernière excursion, il s'en suivra, qu'au bout d'un certain nombre de kilomètres, il aura de la peine à fonctionner. Il « tirera » suivant l'expression consacrée. A ce moment, il est encore temps d'éviter un accident en lubrifiant toutes les parties susceptibles de s'échauffer, telles que le piston qui frotte naturellement contre les parois intérieures du cylindre, les paliers dans lesquels les axes tournent, la tête de bielle, etc.

Si l'on ne prend pas cette précaution, le moteur « grippera » peu après, c'est-à-dire que le piston, au lieu de glisser dans le cylindre, ou l'axe de tourner dans les paliers, mordent subitement dans l'acier, faute d'huile, arrêteront net le moteur et briseront généralement la tête de bielle.

C'est un accident qui, en dehors de l'ennui qu'il procure en obligeant à aller chercher un cheval pour remorquer la voiture jusqu'à la gare la plus proche, vous coûtera en moyenne, avec un moteur à deux cylindres, la somme de deux cents francs, ce qui n'est jamais agréable, surtout lorsqu'un tel accident a eu pour cause une négligence. Le manque d'eau, ou une circulation insuffisante par suite d'engorgement de la pompe ou d'avarie au radiateur ou au ventilateur, produit exactement le même effet que l'absence totale d'huile.

Par conséquent, si, au cours d'une excursion, vous constatez que votre moteur éprouve de la peine à tourner à sa vitesse maxima en terrain plat, descendez de voiture et examinez d'abord les paliers de l'axe moteur qui forment généralement corps avec le carter. En les tâtant avec la main, vous vous rendrez compte de leur température approximative et verrez s'ils réclament un graissage sérieux. Un coup d'œil sur les graisseurs vous éclairera à ce sujet. Et si, après cet examen, votre moteur *tire* encore, vous pourrez être convaincu que la cause vient du refroidissement qui est insuffisant pour une raison ou pour une autre.

III. *Pannes de transmission.* — Il peut arriver qu'une des vitesses de la boîte de changement de vitesse ne fonctionne plus. Si, en plaçant le levier d'embrayage à un des crans du secteur, on constate que l'action du moteur est nulle, alors qu'à un autre cran elle agit comme de coutume, cela provient généralement des dents d'un des engrenages qui sont usées et qui n'engrènent plus avec celles de la roue correspondante. Cela peut encore provenir de ce que la roue qui n'obéit plus est déclavetée et tourne folle sur son axe.

Dans le cas des dents usées, la seule chose à faire est de se passer de la vitesse correspondante à cette paire d'engrenages. La voiture, au lieu d'avoir trois ou quatre vitesses, n'en aura alors que deux ou trois. En cas de déclavetage, on n'a qu'à remplacer la clavette cassée ou perdue ou, au pis aller, faire comme dans le cas précédent

Les engrenages font un bruit exagéré ?

Il arrivera souvent qu'au cours d'une excursion les engrenages feront beaucoup de bruit. Cela proviendra du manque de graisse. On sait que l'on emploie, pour la lubrification de ces engrenages, une graisse consistante, toute spéciale, que l'on trouve en vente chez tous les fabricants de moteurs, dans tous les garages, etc.

Une simple application de cette graisse remédiera à cet inconvénient.

Il arrive quelquefois que, même si l'on pousse le levier d'embrayage à fond, la voiture ne démarre pas. En un mot, l'embrayage n'agit pas. Lorsque l'on se trouvera en pleine campagne, sans pouvoir réussir à partir à cause du mal fonctionnement de cet appareil, on descendra de voiture après avoir débrayé autant que possible, c'est-à-dire après avoir séparé le plus possible les deux surfaces en contact des poulies.

On regardera d'abord si les boulons sont bien en place : ensuite, on examinera les surfaces intérieures des poulies. Quatre-vingt-dix-neuf fois sur cent, on constatera qu'elles sont soit humides, soit grasses.

Dans la plupart des automobiles, il est très difficile d'atteindre et de démonter cet organe ; aussi devra-t-on se contenter, bien que ce remède ne soit pas fameux, de saupoudrer de résine la surface des poulies afin d'avoir un peu plus d'adhérence.

Différentiel. — Le différentiel est une des parties de l'automobile la moins suceptible de causer des désagréments, sauf dans le cas où, à la suite d'une collision ou d'un choc violent, l'un ou l'autre des engrenages le composant se trouve brisé net. Ce qui peut arriver, c'est que cet organe se mette tout à coup à faire un bruit insolite. Une dent cassée en est généralement la cause.

Ici, deux cas se présentent :

1° Il faut, soit démonter le différentiel s'il est d'un accès facile, pour pouvoir enlever les morceaux de la ou des dents brisées. On pourra ainsi éviter de briser les dents encore intactes des autres pignons ;

2° Ou l'on peut continuer à rouler en lubrifiant considérablement jusqu'à l'étape la plus proche, si le différentiel demande plusieurs heures pour être démonter et remonté. On risque seulement de casser d'autres dents ; les ravages causés par un morceau d'acier ou de bronze qui se promène dans un différentiel se produisent avec une incroyable rapidité.

C'est pourquoi nous conseillons de démonter au plus vite cet organe, quitte à interrompre entièrement une excursion, car ce qui ne demande que le remplacement d'un des pignons, si on s'y prend à temps, peut nécessiter un nouveau différentiel en entier si on roule avec une dent cassée.

On doit, par exemple, prendre le soin de remplir toujours le différentiel de graisse jaune consistante, de façon à ce que les engrenages soient entièrement noyés. Si l'on suit ce conseil, le bruit sera considérablement amoindri et l'usure des engrenages beaucoup moins rapide.

Freins. — Les systèmes de freins les plus employés pour les automobiles sont le Lehut, le frein à enroulement Lemoine et le frein Bowden à transmission flexible. Le premier est sujet à quelques inconvénients. Par exemple, si en serrant le levier, on constate que le frein manque de puissance, il faudra examiner le tambour et sa tige. Le plus souvent l'huile ou la graisse des engrenages sera tombée sur le tambour, diminuant ainsi considérablement l'adhérence de la lame.

Il suffira de bien essuyer les deux surfaces qui viennent en conctact et de les saupoudrer de résine pour que le frein retrouve immédiatement sa puissance.

Il arrive aussi qu'à force de travailler, les tiges, leviers, lames subissent un certain allongement. Il en résulte que, même si on pousse le le levier de frein à fond, la lame ne vient pas en contact avec le tambour. Pour remédier à cet inconvénient, on enlèvera la petite goupille et l'on vissera la tige dans le collier, diminuant ainsi sa longueur et rapprochant la lame du tambour. On s'arrêtera lorsque la lame sera amenée presque contre le tambour.

Telles sont les principales causes de *pannes*, et nous ne parlerons pas des pannes dues à des oublis ou à l'ignorance totale des premiers principes présidant au fonctionnement des moteurs d'automobiles. Dans le chapitre suivant, nous verrons les remèdes à apporter à ces dérangements de la mécanique, dérangements si ennuyeux au cours d'une agréable excursion.

CHAPITRE XI

Réparation des pannes

Nous venons de passer en revue, dans le chapitre qui vient de se clore, les causes principales d'arrêt, autrement dit de pannes. J'ai montré les procédés qu'il convient de mettre en pratique pour perdre le moins de temps possible dans la recherche de cette cause première de l'arrêt ou du fonctionnement défectueux. Il me faut indiquer la marche à suivre pour effectuer soi-même les réparations qu'exige l'organisme compliqué d'une automobile en cas de détérioration, et pour cela je suivrai encore le même ordre que précédemment, c'est-à-dire celui-ci :

I. — Pannes de moteurs ;

II. — Pannes de transmission ;

III. — Pannes d'embrayage, de chaîne et de changement de vitesse.

I. — PANNES DU MOTEUR

Les réparations les plus fréquentes sont: le rodage des soupapes par suite de manque d compression ; remplacement d'un segment de piston ; grippage d'un coussinet (plus rarement du piston) ; tuyauterie détériorée et laissant fuir l'eau ou l'essence ; joints ayant perdu leur étanchéité ; clapets de soupapes brisés ; fils conducteurs cassés et cylindre fondu. Nous allons les étudier dans cet ordre :

Changement d'un segment. — Un segment est l'anneau élastique en acier qui assure l'étanchéité du piston pendant son mouvement, et qui s'applique exactement sur la surface intérieure du cylindre. Les pistons en comportent ordinairement deux ou trois. Pour enlever un segment détérioré, il faut d'abord dévisser le cylindre du carter qu'il surmonte ; et le piston une fois sorti, retirer l'anneau avec précaution, car la fonte étant fragile, on pourrait la briser.

Pour remettre un segment neuf, la même délicatesse de main est de rigueur. On ouvre doucement l'anneau pour le faire glisser jusqu'à la cannelure lui servant de logement. Les fentes des segments doivent être *tiercées*, c'est-à-dire ne pas se trouver dans le prolongement les unes des autres, ce qui nuirait à la compression, mais être à intervalles d'un tiers de la circonférence du piston.

Pour remettre ensuite en place dans le cylindre le piston garni de ses segments, il faut comprimer ceux-ci dans leurs cannelures, ce que leur élasticité permet. Dans le cas où il s'agirait de moteurs de fort alésage dont les segments seraient très durs à comprimer à la main, on entoure successivement chaque anneau avec une cordelette dont on tire les deux bouts pendant qu'un aide fait pénétrer le piston dans le cylindre. Dès que le segment a un peu mordu dans le cylindre, on retire la ficelle et on passe au suivant. Les cylindres des moteurs actuels, étant un peu évasés à leur partie inférieure, la rentrée des segments se trouve facilitée.

Rodage des soupapes. — Pour roder une soupape, il faut d'abord la démonter, en enlevant les clavettes ou écrous qui la maintiennent et dont le dispositif varie selon les moteurs. On retire ainsi le *clapet* du siège de la soupape, en mettant à part les organes de fixage, clavettes, goupilles et écrous et le ressort de rappel. Ceci fait, on s'aperçoit que la soupape a besoin d'un rodage, à ce que sa surface de contact est piquetée de points noirs oxydés, qu'elle ne porte pas bien d'aplomb sur son siège. Que ce soit une soupape d'admission ou d'échappement, l'opération est la même.

On fait alors, avec une ou deux gouttes d'huile et une pincée de poudre d'émeri n° 1, une pâte épaisse dont on enduit la portée du clapet sur le

siège. On remet le clapet en place, et, au moyen
d'un tournevis, placé dans la fente qui existe sur
tout clapet, on tourne le clapet, tantôt à droite,
tantôt à gauche, en le soulevant de temps en
temps, pour permettre à la pâte d'émeri de se
répartir sur les surfaces à roder. Au bout de
quelques minutes de ce travail, on voit les surfaces de portée, devenir mates et uniformes ; le
clapet arrive à porter bien d'aplomb et l'occlusion
est parfaite. On s'en assure en versant un peu
d'essence sur le clapet fermé ; elle ne doit pas,
si le travail est bien fait, passer de l'autre côté.

Le rodage étant parfait, il faut, avant de remonter la soupape, enlever absolument toute trace
d'émeri. A cet effet, on essuie toutes les pièces im-
bibées de pâte, on les lave avec un chiffon trem-
pé dans l'essence, jusqu'à ce qu'on ait l'absolue
conviction que pas un grain d'émeri n'est resté.
En effet, la présence d'émeri dans le moteur
pourrait le détériorer gravement ; mieux vaut
donc passer un moment de plus à ce nettoyage.

Grippage. — J'ai expliqué, dans le précédent
chapitre, en quoi consistait le grippage du piston ou d'un coussinet, accident qui résulte toujours d'un défaut de graissage et qu'il est, par
suite, facile d'éviter. Les conséquences d'un
grippage sont toujours graves. Le seul moyen
de réparation à la disposition du chauffeur

consiste à remplir le moteur d'huile par le graisseur et l'ouverture de l'aspiration. Si l'on parvient, par ce moyen, à faire osciller le piston, il
y a quelque chance d'obtenir, avec de la patience, le mouvement complet de cet organe.
L'introduction de potée d'émeri très fine (double-
zéro) aiderait à la remise en état. Puis, le dé-
grippage obtenu, il faudrait évacuer l'huile
chargée d'émeri, laver à l'essence l'intérieur du
moteur et remettre une bonne provision d'huile
fraîche.

Mais si l'on ne pouvait pas, malgré tous les
efforts, arriver à faire tourner le moteur, on se
trouverait obligé de le démonter entièrement et
de gratter les parties avariées avec un outil
spécial ; cela ne peut se faire sur la route, et un
simple amateur ne saurait convenablement exécuter ce travail. Un grippage complet constitue
donc une panne de première classe, extrêmement coûteuse, et c'est pourquoi il ne faut pas
oublier de graisser abondamment pour éviter ce
fâcheux accident.

Tuyauterie détériorée. — Les trépidations du
moteur amènent fréquemment des pannes dues
à un tuyau d'eau ou d'essence brisé ou fendu.
Si l'on a dans son coffre à outil des morceaux de
chambre à air ou de tuyaux d'arrosage d'un
diamètre convenable, il sera facile de faire un

raccord avec une petite ligature de ficelle ou de
fil de fer. A défaut de ficelle, employer du ruban
Chatterton ou une bande de toile imbibée de
graisse, de chandelle ou d'huile, bien serrée autour du tuyau et solidement ligaturée. Cette réparation peut se faire très vite sur la route et
assez facilement.

On ligaturera de même un tuyau à essence en
employant des bandes de toile avec un peu de
pâte de farine épaisse ou de la terre glaise. Le
ruban Chatterton ou la feuille de caoutchouc,
entourés de toile et ligaturés, tiendront assez
longtemps, mais l'essence dissout le caoutchouc
et elle finira par suinter. Donc, surveiller la
ligature, de crainte d'incendie dû aux pertes
d'essence.

Un tuyau d'échappement peut être réparé
provisoirement avec un emplâtre de toile métallique ou d'amiante, imprégné fortement de mastic de minium et bien ficelé de fil de fer. On
trouve tout cela dans tous les villages, chez les
serruriers ou peintres en bâtiments.

La crevaison d'un tuyau est facile à réparer ;
mais, dans le cas particulier de l'essence, il y a
à craindre l'incendie. Surveillez donc la tuyauterie, ses raccords et jointures de toutes sortes.

En route, on s'aperçoit qu'un tuyau d'échappement a éclaté au bruit du moteur ; mais, pour

les tuyaux d'eau, il n'y a qu'un manomètre, placé sur le circuit de la pompe, qui puisse l'indiquer dès que l'avarie se produit. Quant aux tuyauteries d'essence, il faut les examiner souvent ; un réservoir apparent, muni d'un niveau visible, est avantageux, mais il n'est pas possible dans toutes les voitures.

Joints. — Souvent, les joints des raccords de tuyauterie perdent plus ou moins, malgré qu'ils soient suffisamment serrés. Il ne faut pas les serrer outre mesure : d'abord, cela ne les empêche pas de perdre le liquide, si les garnitures sont mauvaises ; ensuite, on risque de détériorer ainsi les filetages.

Certains raccords sont jointés sur des cônes métalliques rodés l'un sur l'autre : ce sont, en général, ceux destinés à l'essence ; on peut les garnir avec très peu de mine de plomb imbibée d'un peu d'eau. Les autres garnitures des raccords d'essence se feront avec un peu de filasse et de mine de plomb, ou avec de l'amiante. L'essence racornit le cuir en dissolvant ses parties grasses et dissout le caoutchouc ; ces deux substances ne sont donc pas à employer.

Les joints d'eau se feront avec du carton dur ou du caoutchouc entoilé spécial pour l'eau chaude. Le cuir ne vaut rien, car il se gonfle et se détériore dans l'eau chaude.

Les joints d'échappement ne peuvent être faits qu'en amiante : toile, carton ou fil, selon le cas.

On trouve, dans le commerce, des joints en cuivre rouge, garnis d'amiante, qui sont excellents pour tous usages et résistent à tous les liquides et à la chaleur. On ne peut que les recommander, mais il faut se les procurer du diamètre correspondant aux tuyauteries, aux bougies, soupapes, culasses, etc. On peut faire un très bon joint de bougie, de soupape ou de culasse avec du fil d'amiante fin, légèrement humecté d'eau.

Pour employer ce fil sur une pièce qui doit être vissée, il faut l'enrouler de manière que le serrage de la pièce entraîne le bout libre du fil dans le sens de son enroulement et non à rebours, ce qui tendrait à dérouler le fil d'amiante. Par exemple, pour une bougie dont le pas de vis est à droite, le fil destiné à faire le joint doit être enroulé à droite sur la bougie, c'est-à-dire dans le sens du filetage. Même observation pour les sièges de soupapes vissés sur la culasse.

Dans les raccords d'eau, d'essence et d'aspiration, on peut aussi faire d'excellents joints avec une feuille de plomb découpée à la demande et de 1 à 2 millimètres d'épaisseur. Si on n'a sous la main qu'un morceau de tuyau de plomb, on l'aplatit au marteau et on le réduit à l'épaisseur voulue. On peut ensuite le tailler avec un canif (1).

Les fuites aux réservoirs d'eau ou d'essence seront aveuglées momentanément par des emplâtres de toile, papier ou carton, garnis de mastic, de terre glaise, de dissolution de caoutchouc et bien attachés avec des ficelles. Pour les réservoirs à essence, surtout une grande prudence s'impose, car il ne faut pas oublier que ce corps est éminemment inflammable et peut donner lieu à des incendies ou à des explosions inattendues. Le cas est rare, mais il s'est présenté, il est bon de ne pas l'oublier.

Soupapes brisées. — Un clapet de soupape casse toujours par la tige qui n'est souvent pas assez renforcée à l'endroit de son raccordement. Une réparation sur place est impossible, c'est pourquoi il est prudent d'emporter dans le coffre de la voiture des clapets d'aspiration et d'échappement de rechange, qui seront rapidement rodés sur place. Mais un serrurier de village pourra, s'il possède un tour, réparer l'avarie en perçant un trou bien au centre de la tête et en y emmanchant une tige d'acier de la grosseur voulue. Dans le cas où le clapet d'aspiration se briserait à l'endroit de la goupille ou de l'écrou mainte-

---

(1) René Chevrex, ingénieur-mécanicien. LES PETITS TRUCS DU CHAUFFEUR EN PANNE. Deslorges, éditeur.

dant le ressort, on pourra remplacer cet écrou ou cette goupille au moyen d'une petite rondelle, en aplatissant ensuite la tige par dessus cette rondelle à coups de marteau. Une rondelle de ce diamètre peut être faite avec un bouton retiré de son vêtement, et cette réparation rudimentaire, demandant fort peu de temps à accomplir, permettra de rouler encore pendant longtemps.

Lorsque l'écrou de la tige de soupape est simplement « foiré » on opérera de même, en le remettant en place et en rivant à petits coups de marteau la tige de la soupape au-dessus de l'écrou. Cette opération de rivetage exige une certaine délicatesse si l'on ne veut pas s'exposer à casser la tige toujours assez fragile.

Bien entendu, le clapet devra être remis en place sur son siège, avec son ressort, avant d'être rivé, car, après le rivetage, on ne pourrait pas le remonter.

Si un ressort d'admission manque de raideur, on peut lui en donner momentanément, en l'allongeant par traction sur les deux extrémités avant de le remonter sur la soupape, ceci en attendant de le remplacer à la prochaine occasion.

Corps étrangers dans la pompe de circulation. — C'est là une des principales causes d'arrêt de cet organe. Il s'ensuit, d'abord, l'arrêt de la circulation d'eau et l'échauffement désordonné

du moteur, ensuite la détérioration du disque e)
cuir ou de la courroie qui entraîne la pompe. O)
peut éviter cette chance de panne en se servant
rigoureusement d'un entonnoir muni d'une toile
métallique filtrante pour remplir le réservoir à
eau, ou en faisant garnir d'une toile métallique
assez fine, l'orifice dudit réservoir. En tous cas,
la pompe étant hors de la vue du chauffeur, un
manomètre indiquera son arrêt. Si cet arrêt est
dû à l'induction de corps étrangers dans le corps
de pompe ou à un grippage, il faut immédiatement s'arrêter pour procéder à la réparation,
car l'intégrité de cet organe est essentielle pour
la bonne marche du moteur. Avec les radiateurs
à nid d'abeille, ou les réfrigérants fonctionnant
par thermo-siphon, on évite ces préoccupations
et ces diverses causes de pannes.

Cylindre de moteur fêlé ou fendu. — Les cylindres des moteurs sont presque toujours en fonte.
Or, la fonte est un métal un peu cassant et sujet
à des soufflures provenant de la coulée du métal

Il arrive très rarement qu'un cylindre se fende,
ou que des soufflures, dont le constructeur n'aurait pas constaté la présence, s'y révèlent à
l'usage. Quoique le cas soit très rare, il peut se
produire, et voici un remède que l'on peut appliquer en attendant de pouvoir faire changer le
cylindre :

Faire une pâte épaisse avec :

Limaille de fer très fine...   1 partie
Fleur de soufre............   1 partie
Chlorhydrate d'ammonia-
    que (sel ammoniac)....   1 partie

et un peu d'eau.

On fera pénétrer par pression, avec une spatule ou un tournevis, la pâte dans la soufflure ou la fente, et, ensuite, on chauffera la partie recollée avec un fer à souder bien chaud ou une lampe à souder, ou simplement avec une barre de fer rougie.

Ce mastic acquiert la dureté de la fonte et tient très bien. Il peut même servir à coller entre elles des parties de fonte cassées. Son application ne peut évidemment pas se faire en pleine route, mais dans un village, très facilement.

Fils conducteurs cassés ou détachés. — Les fils cassés ou détachés des bornes entrent pour une bonne part dans les pannes courantes. On a, en effet, très souvent le tort de tendre les fils isolés comme des cordes de piano, et la trépidation les fait casser à chaque instant. Cela n'est pas nécessaire et est d'autant plus nuisible que le fil, une fois cassé, se trouve trop court. Laissez donc de la longueur de reste à tous vos fils : ils ne casseront plus, et s'ils cassent, par hasard, il y aura de quoi réparer le mal. Avoir toujours un peu de *ruban Chatterton*, pour isoler au besoin, un fil dénudé ou une ligature.

Perte de la manivelle de mise en train. — C'est un accident assez rare, mais qui peut cependant se présenter.

Il y a plusieurs moyens pour lancer le moteur sans manivelle ; l'un consiste à enrouler une cordelette sur le volant extérieur ou sur l'embrayage, de manière qu'en la tirant rapidement on passe le temps de compression du moteur. Cela n'est pas facilement applicable à toutes les voitures et présente quelque danger, la corde pouvant s'enrouler dans les arbres en mouvement si on ne la tire pas assez vite. Un moyen plus simple consiste à embrayer la voiture en grande vitesse et à la faire pousser par quelques compagnons de bonne volonté. Le chauffeur resté sur son siège, devra débrayer aussitôt que le moteur explosera. Il est nécessaire, pour démarrer ainsi le moteur, d'embrayer à la plus grande vitesse, car les engrenages de petite vitesse entraîneraient le moteur beaucoup trop vite, ce qui demanderait aux hommes poussant la voiture un effort impossible à obtenir ; tandis qu'en se servant du train d'engrenage de la grande vitesse, cela ira tout seul. Naturellement, si on peut, pour cette opération, mettre la voiture sur une petite pente, le départ sera facilité.

Changement de vitesse. — Le changement de vitesse, qu'il soit à train baladeur ou à pignons toujours en prise, est rarement cause de pannes. Celles-ci ne peuvent guère provenir que d'un grippage, dû à l'insuffisance d'huile dans le carter (cause déjà étudiée), ou du décalage de pignons, ou encore de l'arrachement des dents les pignons. Les constructeurs ont pris beaucoup de sages précautions pour éviter le décalage des pignons. Quand ceux-ci sont clavetés sur les arbres, ces clavetages sont faits avec le plus grand soin, et les pignons sont, en outre, maintenus par divers procédés mécaniques. Si, cependant, un pignon se déclavetait et se déplaçait sur l'arbre, il faudrait démonter le changement de vitesse, retirer l'arbre malade et s'arranger pour remettre en place le pignon dérangé en renforçant auparavant la clavette. Ce renforcement peut se faire en introduisant, entre l'arbre et la clavette, une petite feuille de clinquant ou de fer-blanc extrêmement mince, de la largeur de la clavette à renforcer.

On remettra ensuite le pignon en place, en le chassant au moyen d'un morceau de bois dur, sur lequel on frappera à coups de marteau, en ayant soin de déplacer, à chaque coup de marteau, le morceau de bois dur autour du moyeu du pignon. Un truc très bon à employer, pour empêcher les pignons de glisser sur leurs clavetages, ou les écrous de se desserrer, consiste à les imbiber dans la portée avec de l'acide chlorhydrique (esprit de sel). Cet acide fait rouiller rapidement les parties en contact et les colle ensemble d'une façon radicale. Il y a, en effet, des cas où le pignon glisse sur son clavetage, malgré que l'épaisseur de la clavette ne permette pas l'addition du clinquant, on pourra alors employer un peu d'esprit de sel.

L'arrachement ou cassure des dents des pignons est dû à la maladresse du conducteur : soit que celui-ci ne débraye pas assez à fond quand il change sa vitesse, pour passer de la plus faible à la plus grande; soit, surtout, qu'il change trop rapidement de vitesse, pour passer d'une plus grande à une plus petite. Dans ce cas, il faut attendre, pour manœuvrer le levier de changement de vitesse, et après avoir débrayé à fond, que le véhicule ait sensiblement ralenti et perdu sa force vive. Si l'on est pressé, freiner légèrement avant d'embrayer une autre vitesse.

Il est nécessaire de visiter de temps à autre la boîte du changement de vitesse et, si l'on s'aperçoit que des dents sont brisées, enlever avec soin les fragments métalliques qui pourraient être entraînés dans les trains d'engrenages et causer d'autres avaries.

Au cas où plusieurs dents voisines se trouveraient cassées sur la même roue d'engrenage, le train comprenant cette roue deviendra inutilisable ; il faudra donc, pour éviter des conséquences encore plus graves, débarrasser le carter des débris de fonte s'y promenant. On utilisera un autre rapport de vitesse pour rentrer à la remise, et on remettra un pignon neuf à la place de celui que l'on a démoli.

Embrayage. — Lorsque l'adhérence des deux pièces composant l'embrayage est insuffisante, il se produit un frottement et un échauffement anormaux. Cet échauffement peut même être tel que la garniture élastique de l'embrayage se brûle complètement, amenant forcément une panne dont la réparation est toujours longue et ennuyeuse.

Pour éviter cet échauffement intempestif, observer de ne pas laisser le pied sur la pédale commandant l'embrayage, le poids du pied étant suffisant pour détruire la parfaite adhérence des deux parties de l'organe et causer l'échauffement redouté. Quand on doit changer de vitesse, il faut agir franchement, appuyer à fond sur la pédale et remettre son pied à côté une fois la manœuvre opérée.

Dès que l'on s'aperçoit que le moteur tournant normalement n'entraîne plus l'auto à l'allure habituelle, on peut craindre que cette paresse ne proviénne de l'embrayage qui glisse ou patine et s'échauffe. En le tâtant de la main, on verra si la supposition est fondée car un embrayage en bon état ne doit pas s'échauffer. Il faudrait, si l'on constate une température anormale, serrer le ressort pour compenser l'usure de la garniture élastique, le patinage ne provenant que de cette usure. Mais si l'on n'a pas le temps d'opérer ce serrage, ou si le glissement provient d'une projection d'huile, on peut employer un adhésif artificiel. Saupoudrez votre embrayage de résine en poudre, dans le cas où il n'est pas graissé d'huile et que le patinage vienne de l'usure normale; s'il est gras, la résine ferait là une vilaine pâtée; il vaut mieux, alors, l'essuyer et le saupoudrer de craie pulvérisée, ou de talc, ou simplement de poussière de route. Cependant, n'employez la poussière ou le sable fin qu'à défaut de tout autre ingrédient, car il y a là-dedans des poudres dures qui sont antipathiques aux arbres et coussinets.

De la mine de plomb sur le cuir d'embrayage est excellent en tous temps.

La vraie panne d'embrayage se produit si le cuir a été brûlé profondément, ou arraché par un embrayage trop brusque, et que, malgré le serrage à fond du ressort, on ne puisse plus obtenir le contact des deux cônes. Il faut cependant rentrer. Le seul moyen que je connaisse, c'est de bloquer l'embrayage, c'est-à-dire de le supprimer virtuellement. Ce n'est là qu'un moyen extrême, mais on rentre très bien avec lui. Pour cela, prenez quelques chiffons, ou même des planchettes minces, taillées en petites lames de deux ou trois centimètres de large, et bourrez-en votre embrayage, entre les deux cônes, de manière à remplacer la garniture manquante. Pour embrayer, vous vous servirez de votre changement de vitesse, en ayant soin de faire pousser la voiture par un homme, pour éviter le premier choc du moteur; sans cela, gare aux dents du train baladeur du changement de vitesse.

Cette manière de procéder ne demande que de la réflexion et de la délicatesse, mais on arrive très bien à rentrer au gîte avec un embrayage bloqué. Une fois arrivé dans un village, un bourrelier ou un cordonnier vous fabriquera une garniture qui remplacera assez exactement la défunte, en attendant que le constructeur en fournisse une parfaite.

Chaînes. — Une chaîne trop tendue fatigue les coussinets et travaille exagérément. Une chaîne pas assez tendue saute de ses pignons et casse dans les démarrages. Une chaîne ne doit ni flotter ni brider; il y a une mesure à garder. Quand il arrive qu'on a cassé une chaîne, il faut avoir des maillons de raccord (que fournissent les constructeurs avec l'automobile), et que l'on met à la place du maillon brisé. Mais si l'on n'a pas de maillons de raccord, l'opération se complique.

S'il s'agit seulement d'un rivet cassé, on le remplacera par un bout de clou ou de boulon à peu près du même diamètre que le rivet. On le coupera de longueur avec la tranche d'une lime demi-ronde et on le rivera tant bien que mal en place. Si les flasques du maillon sont cassées, on pourra essayer d'y suppléer par un fil de fer reliant les deux parties, mais ce procédé est précaire et ne saurait donner un résultat durable.

Si l'on ne peut réparer, il faut se résigner à ne rouler qu'en employant une seule chaîne. On sait que les chaînes sont montées de chaque côté de l'arbre différentiel. Or, si l'une des chaînes manque, le bout d'arbre de ce côté-là tournera seul sous l'action du moteur, et l'autre bout ne tournera pas, car le différentiel n'aura pas, du côté avarié, la résistance nécessaire à équilibrer l'effort du moteur sur les deux roues. En immobilisant le pignon du côté de la chaîne cassée, l'effort du moteur se portera, au contraire, tout entier sur la chaîne existante. Cela entraînera la rotation des pignons satellites du différentiel, chose fâcheuse, mais inévitable, qui nous permettra cependant de rentrer au poste de secours.

Il s'agit donc d'immobiliser le pignon du côté où la chaîne est cassée. Ce résultat pourra s'obtenir au moyen même du bout de chaîne cassée, qui sera entouré autour du pignon libre et accroché solidement au châssis par un moyen quelconque. Bien entendu, la marche, dans ces conditions, devra être aussi brève que possible, parce qu'elle fatiguera le différentiel, dont les petits pignons satellites ne sont pas faits pour la rotation rapide qui leur sera ainsi imposée.

Dès que se rencontrera un serrurier quelconque, on fera réparer la chaîne cassée le mieux possible, pour éviter la fatigue du différentiel.

Réparation des Courroies. — Une courroie cassée peut être facilement réparée par l'emploi d'*Agrafes Scellos*. Il ne faut pas craindre de prendre ces agrafes plutôt un peu longues que trop courtes, car leur mise en place est facilitée et la courroie se trouve moins raccourcie.

A défaut d'agrafes, on peut rattacher la courroie cassée à l'aide d'une grosse ficelle dit septain en faisant à l'aide d'un emporte-pièce dans les deux extrémités de la courroie, une série de trous en regard les uns des autres comme une laçure de brodequin. Mais pour que l'attache ne vienne pas à lâcher, il faudra avoir soin de faire autant d'attaches qu'il y aura de trous à la courroie.

Lorsque la courroie vient à glisser sur les poulies, il est nécessaire de la retendre, et le fait se produit assez fréquemment ; c'est même l'une des causes qui a fait abandonner ce procédé de transmission pour les voitures. L'eau est l'agent désorganisateur du cuir ; il est nécessaire pour rendre cette substance moins hygrométrique de l'huiler de temps à autre. Le cuir absorbe l'huile et s'allonge moins aisément. Il faut rejeter, pour les courroies, les enduits adhésifs, résine en poudre, etc., tout l'usage est excellent pour les embrayages qui ont un rôle tout différent, ou alors ne les employer qu'à la dernière extrémité, pour terminer une étape par exemple.

Si vous êtes obligé de raccourcir votre courroie, coupez-en le moins possible, et d'un bout seulement, soit environ deux centimètres. La coupure doit être tracée d'abord à l'équerre, car une courroie raccordée de travers tire mal et se déplace fâcheusement sur les poulies. Ensuite, on percera les trous pour les agrafes, exactement en face de ceux de l'autre bout de la courroie. L'amateur fera bien de se faire donner une petite leçon de raccordement, des courroies par un ouvrier mécanicien ; quoique cette opération soit simple, il faut encore savoir s'y prendre pour la mener à bien.

Je n'insisterai pas davantage sur cet organe qui n'est plus guère employé maintenant que dans les motocyclettes, et je renverrai le lecteur au chapitre traitant de ce genre de machines sur lequel je me suis longuement étendu.

Arbres faussés. — A la suite d'un choc violent un arbre de la transmission peut se trouver faussé. Il est bon d'avoir dans le coffre de la voiture une forte clef anglaise en forme de griffe, tout en acier, et de 30 à 35 centimètres de longueur. Cette clé servira pour les gros écrous du moteur et des roues, et en même temps dans le cas qui nous occupe. En voici l'emploi : pincer l'arbre à l'endroit faussé dans les mâchoires de la clef et agir sur celle-ci doucement pour redresser la pièce faussée.

Si l'arbre faussé a une grande longueur en *porte-à-faux*, il sera utile de le maintenir, avec une autre clef ou avec un levier, dans le voisinage de la partie faussée, de façon que l'effort de la *griffe* ne se fasse sentir que dans la partie de l'arbre faussé pour le redresser. Quelquefois il sera préférable de démonter l'arbre faussé pour le redresser. Mais ne vous servez pas du marteau pour redresser un arbre faussé, vous risqueriez de le casser ou de le détériorer plus encore. Dès que cela sera possible, cet arbre devra être dressé sur le tour, par un mécanicien compétent, car, avec les procédés ci-dessus, on ne peut pas arriver à la perfection nécessaire.

Cardans. — La plupart des voitures actuelles comportent un certain nombre de joints *Holdam* ou *Cardan* dans leurs transmissions. Ces joints doivent être légèrement graissés. On devrait toujours les envelopper dans une gaîne de toile ou de cuir, comme le fait la maison de Dion et Bouton pour les cardans de l'essieu arrière de ses voitures. Cela évite leur usure rapide, usure qui est due surtout à la poussière qu'ils reçoivent en route, s'ils ne sont pas enveloppés. Ces joints, ne présentant aucun boulonnage, ne seront pas l'occasion de pannes; quand ils seront un peu usés, on les fera réparer et recaler par un bon mécanicien.

Les cardans comportent, en général, deux boulons ou tiges en acier. Si l'une de ces tiges cassait en route, on la remplacerait par un boulon quelconque, à peu près du même diamètre; cela permettra de rentrer au gîte.

Avec la précaution d'envelopper ces joints et de les graisser, avant l'enveloppage, avec un bon paquet de graisse consistante, ils dureront indéfiniment. On évitera donc, par ces précautions peu coûteuses, l'usure de pièces coûtant très cher à remplacer, et des chances de pannes, provenant justement de cette usure, qui est due surtout à la poussière (1).

____

(1) René CHAMPLY. *op. cit.*

TABLE DES MATIÈRES

Grande Imprimerie de Troyes, 126, rue Thiers

EXTRAIT DU CATALOGUE

MANUELS UTILES

Chez tous les libraires : 0 fr. 20 — Franco poste : 0 fr. 30